工程材料低温实验指导

汪恩良　主编

中国林业出版社
China Forestry Publishing House

内 容 简 介

本教材是编者根据多年的寒区工程研究和教学工作经验，遵照相关的规范编写的。全书共 19 个实验，按照冻土工程—建筑材料—模型实验框架编排。实验 1~实验 12 重点介绍冻土试样制备方法及其物理、力学性能测试方法；实验 13~实验 17 重点介绍建筑材料中岩石、砂浆、普通混凝土、砌墙砖、陶瓷砖的抗冻性测试方法；实验 18、实验 19 为综合设计实验，主要介绍冻土模型实验设计和静冰生消室内模拟实验设计。本教材重点强化实验过程和实验方法的掌握，语言简练，内容全面，自成体系。

本教材适用于土木工程、水利工程专业及农业水利工程等专业相关课程的实验课教材，也可作为相关领域研究生及科研人员的参考书。

图书在版编目(CIP)数据

工程材料低温实验指导/汪恩良主编. —北京：中国林业出版社，2024.6
ISBN 978-7-5219-2610-1

Ⅰ.①工… Ⅱ.①汪… Ⅲ.①工程材料-实验 Ⅳ.①TB3

中国国家版本馆 CIP 数据核字(2024)第 027354 号

策划编辑：田 娟
责任编辑：田 娟
责任校对：苏 梅
封面设计：北京钧鼎文化传媒有限公司

出版发行：中国林业出版社
　　　　　(100009，北京市西城区刘海胡同 7 号，电话 83223120，83143634)
电子邮箱：cfphzbs@163.com
网　　址：www.cfph.net
印　　刷：北京中科印刷有限公司
版　　次：2024 年 6 月第 1 版
印　　次：2024 年 6 月第 1 次印刷
开　　本：787mm×1092mm　1/16
印　　张：5.875
字　　数：142 千字
定　　价：40.00 元

《工程材料低温实验指导》
编写人员

主　　编　汪恩良

副 主 编　刘兴超　张　泽

编写人员　（按姓氏拼音排序）

戴长雷(黑龙江大学)

韩红卫(东北农业大学)

姜海强(东北农业大学)

刘兴超(东北农业大学)

汪恩良(东北农业大学)

王正中(西北农林科技大学)

徐春华(哈尔滨工业大学)

张　泽(东北林业大学)

前　言

我国幅员辽阔，北方地区气温寒冷，存在大面积的冻土区。绿水青山就是金山银山，冰天雪地也是金山银山，我们要尊重自然、顺应自然、保护自然，尽可能地保护好冻土生态，利用好冻土资源，这就需要我们去了解冻土的基本性质。随着我国经济的快速发展，冻土地区的基础设施建设规模不断扩大，这就不可避免地会遇到冻土地区普遍存在的地基冻害问题及建筑物冻融循环破坏问题。寒冷地区的工程结构的安全性一直受到人们的关注和重视，直接关系到当地居民的生命财产安全。如何评价工程建设区域地基土的冻胀特性及混凝土、砂浆、砌墙砖等材料的抗冻性能，是寒冷地区工程建设需要考虑的重要内容，也是每一位项目施工人员应掌握的基本技能。教育是国之大计、党之大计。培养什么人、怎样培养人、为谁培养人是教育的根本问题。高等院校是培养具有一定理论知识和动手实践能力的高素质、复合型、经世致用的高级专业人才的重要场所，其中，实验教学作为高校人才培养环节中的一个不可或缺的重要组成部分，对培养学生的动手实践能力和解决实际问题能力具有不可替代的重要作用。

《工程材料低温实验指导》可以让学生更好地了解冻土及建筑材料的抗冻性能测试方法，是高等院校土建类和水利类专业重要的实践性教学指导用书。实验的教学目的一是使学生了解工程材料低温实验的基本原理与内容，掌握实验方法；二是使学生掌握实验仪器设备的使用方法及其基本性能；三是提高学生的动手能力和解决问题的能力。由于相关的标准、规范和规程经常变化，本教材尽可能遵照最新的国家标准、规范和规程，结合编者多年的教学和研究工作积累的经验，重点强化实验过程和实验方法的掌握。通过实验教学训练，使学生对实验原理融会贯通，并能够做到举一反三。

本教材共 19 个实验，按照冻土工程—建筑材料—模型实验框架编排。实验 1～实验 12 重点介绍冻土试样制备方法及其物理、力学性能测试方法；实验 13～实验 17 重点介绍建筑材料中岩石、砂浆、普通混凝土、砌墙砖、陶瓷砖的抗冻性测试方法；实验 18、实验 19 为综合设计实验，主要介绍冻土模型实验设计和静冰生消室内模拟实验设计，培养学生的创新能力及综合设计能力。

本教材由汪恩良担任主编，刘兴超、张泽担任副主编。全书由汪恩良负责教学体系内容设计、制订大纲、统稿和最后定稿工作。具体编写分工如下：实验 1～实验 3、实验 18 由汪恩良编写；实验 4、实验 5 由张泽编写；实验 6、实验 13 由姜海强编写；实验 7 由戴长雷编写；实验 8、实验 10、实验 12、实验 14～实验 17 由刘兴超编写；实验 9 由王正中编写；实验 11 由徐春华编写；实验 19 由韩红卫编写。

　　本教材在编写过程中得到了中国林业出版社、东北林业大学、黑龙江大学、西北农林科技大学及哈尔滨工业大学的大力支持与帮助，并参考了很多文献和多位专家的科研成果，在此表示衷心感谢。

　　因知识水平有限，本教材难免存在不足之处，敬请广大读者批评指正。

编　者

2024 年 3 月

目　录

实验 1　冻土试样制备和饱和实验

一、实验目的

试样分为原状土试样和重塑土试样。在进行冻土物理力学性能测试时，所用试样数量较大，室内实验所用试样多为标准尺寸试样。本实验为冻土试样的制备提供依据，让学生掌握原状冻土试样和重塑冻土试样的制备方法，并学会选择合适的饱和方法对试样进行饱和处理。

二、实验原理

原状土是指土样取出后其颗粒、含水量、密度、胶结性和结构等物理性能保持不变的土样。重塑土是指土样取出经重新制备后其胶结性、密度和结构等物理性能有所改变的土样。试样是指按规定制备，用于实验测试的冻结土样。负温原状土试样是指从冻结土结构物上取得冻结原状土，进行加工而成的冻土试样。负温重塑土试样是指由原状土经烘干、破碎、配土、加工成型，再负温冻结而成的冻土试样。

本实验通过测定原状冻土含水率和密度等基本物理参数，将重塑冻土试样制备成与原状冻土试样基本物理参数一致的冻土试样。

三、实验方法

(一) 原状冻土试样制备

1. 仪器设备

(1) 取土工具：风镐、铁锹、岩芯钻具等。

(2) 贮运设备：冻土集装箱 (容量 0.03m³ 以上，保温防震)、冷藏运输车 (温度 -30 ~ -1℃) 等。

(3) 保存设施：低于 -30℃ 的负温冷库或冷箱。

(4) 量具：台秤 2 台 (量程 10kg，感量 10g；量程 1kg，感量 0.1g)、直角尺 (200mm×200mm，分度 1mm)。

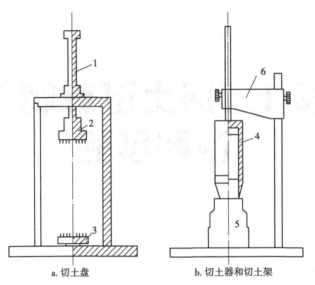

图 1-1　原状土切土盘

1. 轴；2. 上盘；3. 下盘；4. 切土器；5. 土样；6. 切土架

　　(5)修土工具：钢锯、削土刀、切土盘(图 1-1a)、切土器(图 1-1b)。

　　(6)其他：烘箱、环刀、凡士林、保鲜膜、塑料袋、土样标签，以及其他盛土器皿等。

　　2. 实验步骤

　　(1)用取土工具将土样从地层中取出，迅速用保鲜膜包裹，放入冻土集装箱或冷藏运输车运回实验室，放在低于-30℃的负温冷库或冷箱中备用。

　　(2)在负温实验室内，小心开启原状冻土包装，辨别土样上下层次，用钢锯平行锯平土样两端。无特殊要求时，使试样轴向与自然沉积方向一致。

　　(3)用削土刀、切土盘和切土器将土块修整成形，试样尺寸一般为 $\phi39.1mm×80mm$、$\phi61.8mm×125mm$、$\phi50mm×100mm$ 和 $\phi100mm×200mm$，并称量试样的质量。必须保证试样最小尺寸大于土样中最大颗粒粒径的 10 倍，外形尺寸误差小于 1.0%，试样两端面平行度不得大于 0.5mm。

　　(4)在制备试样过程中，应细心观察土样的情况，并记录其层位、颜色、有无杂质、土质是否均匀、有无裂缝等。

　　(5)将制备好的试样用保鲜膜包裹，放入-10℃冰箱保存备用。

　　3. 实验记录

　　将实验记录填写在表 1-1 中。

表 1-1　原状冻土试样制备实验记录

试样编号	取土层位 (m)	颜　色	气　味	结　构	夹杂物	土质是否均匀

(二)重塑冻土试样制备

1. 仪器设备

(1)台秤：量程 1kg，感量 0.1g。

(2)细筛：孔径 0.5mm、2mm。

(3)破土设备：颚式碎土机或其他破土设备。

(4)成型模具：击样器(图 1-2)、压样器(图 1-3)。

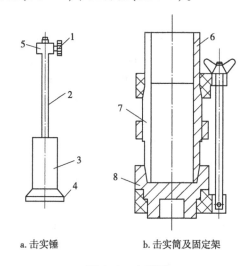

a.击实锤　　　　b.击实筒及固定架

图 1-2　击样器

1. 定位螺丝；2. 导杆；3. 击锤；4. 底板；5. 套环；6. 套筒；7. 击样筒；8. 底座

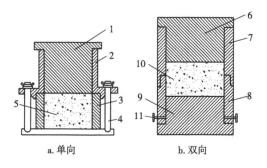

a.单向　　　　b.双向

图 1-3　压样器

1. 活塞；2. 导筒；3. 护环；4. 拉杆；5. 试样；6. 上活塞；7. 上导筒；8. 下导筒；
9. 下活塞；10. 试样；11. 销钉

(5)其他：烘箱、搪瓷盘、保湿缸、干燥器、橡胶锤、橡皮板、玻璃缸、凡士林、保鲜膜、塑料袋、土样标签，以及其他盛土器皿等。

2. 实验步骤

(1)在常温实验室内，将土样从土样筒或者包装袋中取出，记录土样的颜色、土类、气味及夹杂物等，并将土样切成碎块、拌和均匀，并选取有代表性土样测定含水率。

(2)对均质和含有机质的土样,宜采用天然含水率状态下代表性土样,供颗粒分析、界限含水率实验。对非均质土应根据实验项目取足够数量的土样,置于通风处风干至可碾碎为止。对于砂土和进行比重实验的土样宜在105~110℃温度下烘干,对有机质含量超过5%的土及含石膏和硫酸盐的土,应在65~70℃温度下烘干。

(3)将烘干或风干的土样进行破碎(切勿破碎颗粒)。根据实验所需土样数量,将碾散的土样过筛。物理性实验土样过筛孔径为0.5mm;力学性实验土样过筛孔径为2mm;击实实验土样过筛孔径为5mm。过筛后用四分法取出足够数量的代表性土样,测定其含水率,分别装入保湿缸或塑料袋内备用,标以标签(写明工程名称、土样编号、过筛孔径、用途、制备日期和实验人员等)。

(4)根据实验所需土量和含水率,制备试样所需的加水量按式(1-1)计算。

(5)称取过筛的烘干或风干土样平铺于搪瓷盘内,将预计的水均匀喷洒于土样上,充分搅拌后将土装入玻璃缸或自封袋内密封,润湿一昼夜,砂性土的润湿时间可酌情减少。

(6)测定润湿土样不同位置处的含水率,不应少于两点。一组试样的含水率与要求的含水率之差不得大于±1%。

(7)根据所需制备土样体积及所需的干密度,制备试样所需的湿土量按式(1-2)计算。

(8)重塑土制样可采用击样法或压样法。

①击样法:将根据环刀容积和要求干密度所需质量的湿土倒入装有环刀的击样器内击实到所需密度。

②压样法:将根据环刀容积和要求干密度所需质量的湿土倒入装有环刀的压样器内以静压力通过活塞将土样压紧到所需密度。

彻底清洗模具,并在模具内表面涂上一层凡士林,分次将土样均匀放入模具内击实或压实,要保证试样密度与天然密度在允许误差范围内(重塑土密度与天然密度误差不大于0.03g/cm³,同一组试样密度差值不大于0.03g/cm³)。

(9)对不需饱和的试样,将试样连同模具密封并在低于-30℃温度下速冻4~6h。

(10)对饱和试样,按照本实验方法(三)对试样进行饱和后,将试样连同模具密封并在低于-30℃温度下速冻4~6h。

(11)将试样在所需实验温度下脱模,将制备好的低温重塑土试样贴上标签(标明来源、层位、质量、日期等),装入塑料袋内或包裹保鲜膜密封,置于所需实验温度下恒温存放,24~48h内可用于实验。

3. 实验结果计算

(1)制备试样所需的加水量应按式(1-1)计算:

$$m_\omega = \frac{m_0}{1+0.01\omega_0} \times 0.01(\omega_1 - \omega_0) \qquad (1-1)$$

式中　m_ω——制备试样所需要的加水量(g);

　　　m_0——湿土(或风干土)的质量(g);

　　　ω_0——湿土(或风干土)的含水率(%);

　　　ω_1——制备试样要求的含水率(%)。

（2）制备所需的湿土量应按式（1-2）计算：

$$m_1 = (1+0.01\omega_1)\rho_d V \tag{1-2}$$

式中　ρ_d——试样的干密度（g/cm³）；

　　　V——试样体积（cm³）；

　　　其余符号同上。

4. 实验记录

将实验记录填写在表 1-2 中。

表 1-2　重塑冻土试样制备实验记录

试样编号	制备标准		所需土质量及加水量的计算					
	冻土密度 ρ_f（g/cm³）	冻土含水率 ω（%）	湿土（或风干土）的质量 m_0（g）	湿土（或风干土）的含水率 ω_0（%）	制备试样要求的含水率 ω_1（%）	制备试样所需的加水量 m_ω（g）	冻土干密度 ρ_d（g/cm³）	制备试样所需的湿土质量 m_1（g）

（三）试样饱和

1. 仪器设备

（1）饱和器（图 1-4）。

（2）框式饱和器（图 1-5）。

（3）重叠式饱和器（图 1-6）。

（4）真空缸（图 1-7）。

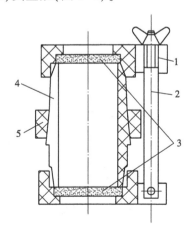

图 1-4　饱和器

1. 夹板；2. 拉杆；3. 透水板；4. 三瓣模；5. 紧箍

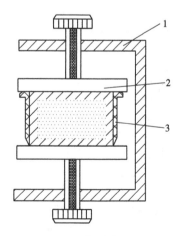

图 1-5　框式饱和器

1. 框架；2. 透水板；3. 环刀

2. 实验步骤

试样饱和方法根据土样的透水性能，可选用浸水饱和法、毛管饱和法及真空抽气饱和法。

(1) 浸水饱和法

①砂土可直接在仪器内浸水饱和。

②较易透水的细粒土，渗透系数大于 1×10^{-4} cm/s 时，宜采用毛管饱和法。

③不易透水的细粒土，渗透系数小于 1×10^{-4} cm/s 时，宜采用真空抽气饱和法；当土的结构性较弱时，抽气可能发生扰动者，不宜采用真空饱和法。

(2) 毛管饱和法

①选用框式饱和器(图1-5)，在装有试样的环刀两面贴放滤纸，再将两块大于环刀的透水板置于滤纸上，通过框架两端的螺丝将透水板、环刀夹紧。

②将装好试样的框式饱和器放入水箱中，注入清水，水面不宜将试样淹没。

③关上箱盖，防止水分蒸发，借助土壤的毛细管作用使试样饱和，约需3d。

④试样饱和后，取出框式饱和器，松开螺丝，取出环刀，擦干外壁，吸去表面积水，取下试样上下滤纸，称量环刀、土的总质量，准确至0.1g，应按式(1-3)计算饱和度。

⑤如果饱和度小于95%，将环刀再装入饱和器，浸入水中延长饱和时间直至满足要求。

(3) 真空抽气饱和法

①选用重叠式饱和器(图1-6)或框式饱和器，在重叠式饱和器下板正中放置稍大于环刀直径的透水板和滤纸，将装有试样的环刀放在滤纸上，试样上再放一张滤纸和一块透水板，以此顺序由下向上重叠至拉杆的高度，将饱和器上夹板放在最上部透水板上，旋紧拉杆上端的螺丝，将各个环刀在上下夹板间夹紧。

②将装好试样的饱和器放入真空缸内(图1-7)，盖上缸盖，盖缝内应涂一薄层凡士林，以防漏气。

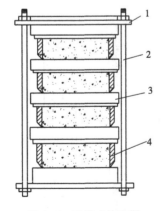

图1-6　重叠式饱和器

1. 夹板；2. 拉杆；3. 透水板；4. 环刀

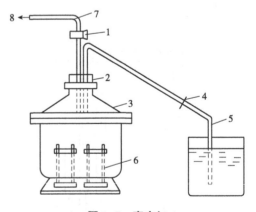

图1-7　真空缸

1. 二通阀；2. 橡皮塞；3. 真空缸；4. 管夹；

5. 引水管；6. 饱和器；7. 排气管；8. 接抽气机

③关闭管夹、打开二通阀，将抽气机与真空缸接通，开动抽气机，抽除缸内及土中气体，当真空表接近-100kPa后，继续抽气(黏质土约1h，粉质土约0.5h)后，稍微开启管夹，使清水注入真空缸内；在注水过程中，应调节管夹，使真空表上的数值基本保持不变。

④待饱和器完全淹没于水中后即停止抽气，将引水管自水缸中提出，开启管夹令空气进入真空缸内，静置一定时间(细粒土宜为10h)，使试样充分饱和。

⑤试样饱和后，取出饱和器，松开螺丝，取出环刀，擦干外壁，吸去表面积水，取下试样上下滤纸，称量环刀、土的总质量，准确至0.1g，按式(1-3)计算饱和度。

3. 实验结果计算

试样饱和度按式(1-3)计算：

$$S_r = \frac{(\rho_{sr} - \rho_d) G_s}{\rho_d e} \text{或} S_r = \frac{\omega_{sr} G_s}{e} \tag{1-3}$$

式中　S_r——试样的饱和度(%)；

　　　ω_{sr}——试样饱和后的含水率(%)；

　　　ρ_{sr}——试样饱和后的密度(g/cm³)；

　　　ρ_d——试样的干密度(g/cm³)；

　　　G_s——土粒比重；

　　　e——试样的孔隙比。

4. 实验记录

将实验记录填入表1-3中。

表1-3　试样饱和实验记录

试样编号	试样饱和后的密度 ρ_{sr}(g/cm³)	试样饱和后的含水率 ω_{sr}(%)	土粒比重 G_s	试样的孔隙比 e	试样的饱和度 S_r(%)

四、思考题

1. 什么是负温原状土试样和负温重塑土试样？
2. 试样常用的规格有哪些？
3. 如何制备负温原状土试样和负温重塑土试样？
4. 土样的饱和方法有哪些？适用性如何？

实验 2　冻土含水率实验

一、实验目的

冻土含水率是冻土地区进行水热平衡计算、分析冻土发育条件的重要指标，该指标只能通过实验测定。通过本实验掌握冻土含水率的测定方法。

二、实验原理

土体中的自由水和弱结合水在 105~110℃ 温度下全部变成水蒸气挥发，土颗粒质量不再发生变化，此时的土重为土颗粒质量加上强结合水质量，将挥发掉的水份质量与干土质量之比称为土体含水率。冻土中的水分是由冰和未冻水组成的，冻土含水率是指冻土中所含冰和未冻水的总质量与干土质量之比。烘干法是冻土含水率实验的标准方法，也适用于有机质(泥炭、腐殖质及其他)含量不超过干土质量 5% 的冻土。当冻土的有机质含量为 5%~10% 时，仍可采用烘干法，但需注明有机质含量。

在野外工作现场或需要快速测定含水率时，对于层状和网状结构的冻土，可采用联合测定法。

三、实验方法

(一)烘干法

1. 仪器设备

(1)烘箱：可采用电热烘箱或温度能保持在 105~110℃ 的其他加热干燥设备。

(2)电子天平：量程 500g，感量 0.1g；量程 5000g，感量 1g。

(3)称量盒或恒质量盒：可将称量盒调整为恒量并定期校正。

(4)其他：干燥器、搪瓷盘、切土刀、吸水球、滤纸。

2. 实验步骤

(1)整体状构造(肉眼不易看到显著冰晶)的黏质土或砂质土

①取代表性的冻土试样,每个试样的质量不宜少于 50g。将冻土试样放入称量盒内,立即盖好盒盖,称量,精确至 0.01g。当使用恒质量盒时,可先将其放置在电子天平或电子台秤上清零,再称量装有试样的恒质量盒,称量结果即为冻土试样质量。

②揭开盒盖,将试样和称量盒放入烘箱,在 105~110℃下烘干到恒重。烘干时间根据土质不同而有差异,对于黏质土,不得少于 8h;对于砂质土,不得少于 6h;对有机质含量为 5%~10% 的土,应将烘干温度控制在 65~70℃烘干至恒重,称量,精确至 0.01g,计算其含水率。

③实验应进行 2 次平行测定,取其算术平均值,其最大允许平行差值应符合表 2-1 的规定。

表 2-1　含水率测定的最大允许平行差值

含水率 ω_f(%)	最大允许平行差值(%)
$\omega_f \leqslant 10$	±1
$10 < \omega_f \leqslant 20$	±2
$20 < \omega_f \leqslant 30$	±3

(2)层状和网状构造的冻土

①用四分法取出 1000~2000g 土样,视冻土结构均匀程度而定,较均匀的可少取,反之多取,称量精确至 1g,放入搪瓷盘中使其融化。

②将融化的土样调拌成均匀糊状稠度,当土太湿时待澄清后可用吸水球和滤纸吸出多余水分,或让其自然蒸发;土太干时可适当加水后,进行称量,精确至 0.1g。

③从糊状稠度土样中取样测定含水率,应按实验步骤(1)的实验方法进行测定,计算其含水率。

④实验应进行 2 次平行测定,其平行最大允许差值不得大于 ±1%。

3. 实验结果计算

(1)整体状构造的冻土含水率按式(2-1)进行计算,精确至 0.1%:

$$\omega_f = \left(\frac{m_0}{m_d} - 1\right) \times 100\% \qquad (2\text{-}1)$$

式中　ω_f——冻土含水率(%);

　　　m_0——冻土试样的质量(g);

　　　m_d——烘干土的质量(g)。

(2)层状和网状构造的冻土含水率按式(2-2)进行计算,精确至 0.1%:

$$\omega_f = \left[\frac{m_0}{m_f}(1 + 0.01\omega_n) - 1\right] \times 100\% \qquad (2\text{-}2)$$

式中　ω_n——平均试样含水率(%);

　　　m_f——调成糊状的土样质量(g);

　　　其余符号同上。

4. 实验记录

将实验记录填入表 2-2 中。

表 2-2 冻土含水率实验记录(烘干法)

试样编号	盒号	冻土试样的质量 m_0(g)	整体状构造的冻土			层状和网状构造的冻土			
			烘干土的质量 m_d(g)	冻土含水率 ω_f(%)	冻土含水率平均值(%)	调成糊状的试样质量 m_f(g)	平均试样含水率 ω_n(%)	冻土含水率 ω_f(%)	冻土含水率平均值(%)

(二)联合测定法

1. 仪器设备

(1)排液筒(图 2-1)。

(2)台秤:量程 5kg,感量 1g。

(3)量筒:容积 1000mL,分度值 10mL。

2. 实验步骤

(1)将排液筒置于台秤上,拧紧虹吸管止水夹。注意排液筒在台秤上的位置要一次放好,在实验过程中不得再移动。

(2)取冻土试样 1000~1500g,称量其质量 m_0,以备使用。

(3)将接近 0℃ 的清水缓缓倒入排液筒中,使水面超过虹吸管顶。

(4)松开虹吸管的止水夹,使排液筒中水面缓慢下降,待虹吸管不再滴水,即排液筒中水面稳定后,关闭止水夹,称量排液筒和水的质量 m_1。

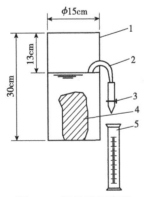

φ15cm
13cm
30cm
1
2
3
4
5

图 2-1 排液筒示意图
1. 排液筒;2. 虹吸管;3. 止水夹;
4. 冻土试样;5. 量筒

(5)将冻土试样轻轻置入排液筒中,松开止水夹,使排液筒的水流入量筒中。

(6)当水流停止时,拧紧止水夹,立即称量排液筒、冻土试样和水三者的质量 m_2,同时测读量筒中接入的水的体积,用于校核冻土试样的体积。

(7)待冻土试样在排液筒中充分融化呈松散状态,且排液筒中水呈澄清状态时,再往排液筒中补加清水,使水面超过虹吸管顶。

(8)松开止水夹排水,待水流停止后,拧紧止水夹,再次称量排液筒、冻土试样和水的总质量 m_3。

(9)在整个实验过程中应保持排液筒水面平稳,在排水和放入冻土试样时,排液筒不得发生上下剧烈晃动。

3. 实验结果计算

$$\omega_f = \left[\frac{m_0(G_s-1)}{(m_3-m_1)G_s}-1\right]\times100\%\qquad(2-3)$$

式中　ω_f——冻土含水率(%);

m_0——冻土试样的质量(g);

m_1——冻土试样放入排液筒前的排液筒和水的总质量(g);

m_3——冻土溶解后的排液筒、水、冻土试样的总质量(g);

G_s——土粒比重。

4. 实验记录

将实验记录填入表 2-3 中。

表 2-3　冻土含水率实验记录(联合测定法)

试样编号	冻土试样的质量 m_0(g)	筒和水的总质量 m_1(g)	筒、水、冻土试样的总质量 m_3(g)	土粒比重 G_s	冻土含水率 ω_f(%)

四、思考题

1. 对于整体状构造的冻土、层状和网状构造的冻土,应如何测定其含水率?

2. 结合冻土水分分布的特点,在测定、层状和网状构造的冻土含水率时,为什么要先将其融化并调成均匀糊状?

3. 采用烘干法测定冻土含水率时,烘箱的温度及烘干时间是如何规定的?

4. 如何采用联合测定法测定冻土含水率?

实验 3　冻土密度实验

一、实验目的

冻土密度是冻土的基本物理指标之一，是冻土地区工程建设中计算土的冻结或融化深度、冻胀或融沉、冻土热学和力学指标、验算冻土地基强度等所需的重要指标。本实验需了解冻土密度测定方法的适用性，掌握冻土密度测定方法。

二、实验原理

冻土密度是指冻土单位体积的质量(旧称冻土容重)，与孔隙度、含水率、土体骨架的矿物成分及组构有关。测定冻土的密度，关键是准确测定冻土试样的体积。冻土密度实验宜在负温环境下进行。无负温环境时，应采取保温措施和快速测定。在实验过程中，冻土表面不得发生融化。

冻土密度实验应根据冻土的特点和实验条件选用浮称法、联合测定法、环刀法或充砂法。浮称法用于表面无显著孔隙的冻土；联合测定法用于砂质冻土和层状、网状结构的黏质冻土；环刀法用于温度高于-3℃的黏质和砂质冻土；充砂法用于表面有明显孔隙的冻土。

三、实验方法

(一)浮称法

1. 仪器设备

根据国家标准《土工试验方法标准》(GB/T 50123—2019)的规定，本实验主要有以下仪器设备：

(1)浮重天平：量程 1000g，感量 0.1g。

(2)液体密度计：分度值 0.001g/cm³。

(3)温度计：量程-30~20℃，分度值 0.1℃。

（4）量筒：容积 1000mL。

（5）盛液筒：容积 1000～2000mL。

（6）其他：细线、煤油等。

实验装置如图 3-1 所示。

实验所用的溶液采用煤油或 0℃纯水。当采用煤油时，应用密度计法测定煤油在不同温度下的密度，并绘出密度与温度关系曲线。当采用 0℃纯水和试样温度较低时，应快速测定，试样表面不得发生融化。

在进行实验时，所用仪器设备必须按有关规程进行校验后方可使用。

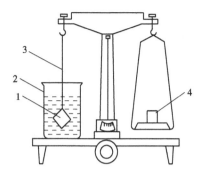

图 3-1 浮重天平
1. 盛液筒；2. 试样；3. 细线；4. 砝码

2. 实验步骤

（1）调整天平，将空的盛液筒置于天平称重一端。

（2）切取 300～1000g 的冻土试样，用细线捆紧，放入盛液筒中并悬吊在天平挂钩上称量冻土试样质量 m_0，精确至 0.1g。

（3）将事先预冷至接近冻土试样温度的煤油缓慢注入盛液筒，液面宜超过试样顶面 2cm，并用温度计测量煤油温度，精确至 0.1℃。

（4）称量试样在煤油中的质量 m_1，精确至 0.1g。

（5）从煤油中取出冻土试样，削去表层带煤油的部分，然后按规定取样测定冻土含水率。

（6）本实验应进行不少于 2 组平行实验。对于整体状构造的冻土，2 次测定的差值不得大于 0.03g/cm³，取 2 次测定值的平均值；对于层状和网状构造的其他富冰冻土，宜提出 2 次测定值。

3. 实验结果计算

冻土密度、冻土试样体积应分别按式（3-1）、式（3-2）计算：

$$\rho_f = \frac{m_0}{V} \tag{3-1}$$

$$V = \frac{m_0 - m_1}{\rho_{ct}} \tag{3-2}$$

式中 ρ_f——冻土密度（g/cm³）；

$\qquad V$——冻土试样体积（cm³）；

$\qquad m_0$——冻土试样质量（g）；

$\qquad m_1$——冻土试样在煤油中的质量（g）；

$\qquad \rho_{ct}$——实验温度下煤油的密度（g/cm³），可由煤油密度与温度关系曲线查得。

冻土干密度按式（3-3）计算：

$$\rho_{fd} = \frac{\rho_f}{1 + 0.01\omega_f} \tag{3-3}$$

式中　ρ_{fd}——冻土干密度(g/cm^3)；

　　　ω_f——冻土含水率(%)。

4. 实验记录

将实验记录填入表 3-1 中。

表 3-1　冻土密度实验记录(浮称法)

试样编号	描述土样	煤油温度(℃)	煤油密度 $\rho_{et}(\text{g/cm}^3)$	冻土试样质量 $m_0(\text{g})$	冻土试样在煤油中的质量 $m_1(\text{g})$	试样体积 $V(\text{cm}^3)$	冻土密度 $\rho_f(\text{g/cm}^3)$	平均值 (g/cm^3)

(二)联合测定法

1. 仪器设备

仪器设备包括排液筒(见图 2-1)、台秤、量筒等。

2. 实验步骤

(1)按实验 2 联合测定法步骤进行实验。

(2)进行 2 次平行测定实验，取 2 次测定值的算术平均值，并标明 2 次测定值。

3. 实验结果计算

冻土试样体积、冻土密度、冻土干密度按式(3-4)~式(3-6)计算：

$$V=\frac{m_0+m_1-m_2}{\rho_\omega} \tag{3-4}$$

$$\rho_f=\frac{m_0}{V} \tag{3-5}$$

$$\rho_{fd}=\frac{\rho_f}{1+0.01\omega_f} \tag{3-6}$$

式中　V——冻土试样体积(m^3)；

　　　m_0——冻土试样质量(g)；

　　　m_1——冻土试样放入排液筒前的筒、水总质量(g)；

　　　m_2——放入冻土试样后的筒、水、土样总质量(g)；

　　　ρ_ω——水的密度(g/cm^3)；

　　　ω_f——冻土含水率(%)。

含水率精确至 0.1%，密度精确至 0.01g/cm^3。

4. 实验记录

将实验记录填入表 3-2 中。

表 3-2 冻土密度实验记录(联合测定法)

试样编号	冻土试样质量 m_0 (g)	排液筒和水总质量 m_1(g)	排液筒、水和试样总质量 m_2(g)	排液筒、水和土颗粒总质量 m_3(g)	冻土试样体积 $V(m^3)$	冻土含水率 ω_f(%)	冻土密度 ρ_f(g/cm^3)	冻土干密度 ρ_{fd}(g/cm^3)

(三) 环刀法

1. 仪器设备

(1)环刀:容积应大于或等于500cm^3。

(2)天平:量程3000g,感量0.2g。

(3)其他:切土器、钢丝锯等。

2. 实验步骤

(1)本实验宜在负温环境中进行。无负温环境时,必须快速进行。切样和实验过程中的试样表面不得发生融化。

(2)取原状土样,整平其两端,将环刀刃口向下放在土样上。

(3)用切土刀(或钢丝锯)将土样削成略大于环刀直径的土柱,然后将环刀垂直下压,边压边削至土样伸出环刀为止。将两端余土削去修平,取剩余的代表性土样测定含水率 ω_f。

(4)擦净环刀外壁,称量,算出冻土质量 m_0,精确至0.2g。

(5)进行2次平行实验,其平行差值不应大于0.03g/cm^3,取其算术平均值。

3. 实验结果计算

冻土密度和冻土干密度按式(3-7)、式(3-8)计算:

$$\rho_f = \frac{m_0}{V} \tag{3-7}$$

$$\rho_{fd} = \frac{\rho_f}{1+0.01\omega_f} \tag{3-8}$$

式中 ρ_f——冻土密度(g/cm^3);

ρ_{fd}——冻土干密度(g/cm^3);

m_0——冻土试样质量(g);

ω_f——冻土含水率(%);

其余符号同上。

计算结果精确至0.01g/cm^3。

4. 实验记录

将实验记录填入表3-3中。

表 3-3 冻土密度实验记录（环刀法）

试样编号	环刀号	冻土质量 m_0（g）	冻土试样体积 V（cm³）	冻土密度 ρ_f（g/cm³）	冻土含水率 ω_f（%）	冻土干密度 ρ_{fd}（g/cm³）	冻土干密度平均值（g/cm³）

（四）充砂法

1. 仪器设备

(1)测筒：内径宜用 15cm，高度宜用 13cm。

(2)量砂：粒径 0.25~0.5mm 的干净标准砂。

(3)漏斗：上口直径 15cm，下口直径 5cm，高度 10cm。

(4)天平：量程 5000g，感量 1g。

(5)其他：漏斗架、薄板、削土刀等。

2. 实验步骤

(1)测筒的容积

①将测筒注满水，水面必须与测筒上口齐平。称量测筒、水的总质量。

②测量水温，并查取相应水温下的密度。

(2)测筒充砂密度

①取一定量的清洗干净且校验后的标准砂，标准砂的温度应接近冻土试样的温度。

②用漏斗架将漏斗置于测筒上方。漏斗下口与测筒上口应保持 5~10cm 的距离。

③用薄板挡住漏斗下口，并将标准砂充满漏斗后移开薄板，使标准砂充入测筒。与此同时，不断向漏斗中补充标准砂，使砂面始终与漏斗上口保持齐平。在充砂过程中不得敲击或振动漏斗和测筒。

④当测筒充满标准砂后，移开漏斗，轻轻刮平砂面，使之与测筒上口齐平。在刮平砂面过程中不应将砂压密。称量测筒、充砂的总质量。

(3)充砂法

①切取冻土试样。试样宜取直径为 8~10cm、高为 8~10cm 的圆形或(8~10)cm×(8~10)cm×(8~10)cm 的方形体。试样底面必须用削土刀削平，称量试样质量。

②将试样平面朝下放入测筒内。试样底面与测筒底面必须紧密接触。用标准砂填充冻土试样与筒壁之间的空隙和试样顶面。充砂和刮平砂面应按步骤(2)的②~④步骤进行。

③称量测筒、试样和充砂的总质量。

(4)测筒的容积应进行 3 次平行测定，并取 3 次测定值，得出算术平均值，各次测定结果之差不应大于 3mL；充砂密度应重复测定 3~4 次，并取其测定值的算术平均值，各次测值之差应小于 0.02g/cm³；本实验应重复进行 2 次，并取其 2 次测定值的算术平均值，2

次测定值的差值应不大于 0.03g/cm³。

3. 实验结果计算

冻土密度按式(3-9)~式(3-12)计算：

$$V_0 = (m_2 - m_1)/\rho_{\omega t} \tag{3-9}$$

$$\rho_s = \frac{m_s - m_1}{V_0} \tag{3-10}$$

$$\rho_f = \frac{m_0}{V} \tag{3-11}$$

$$V = V_0 - \frac{m_3 - m_1 - m_0}{\rho_s} \tag{3-12}$$

式中　V_0——测筒的容积(cm³)；

m_2——测筒、水总质量(g)；

m_1——测筒质量(g)；

$\rho_{\omega t}$——不同温度下水的密度(g/cm³)；

ρ_s——充砂密度(g/cm³)；

m_s——测筒、砂的总质量(g)；

V——冻土试样的体积(cm³)；

m_3——测筒、试样和充砂的总质量(g)。

4. 实验记录

将实验记录填入表 3-4 中。

表 3-4　冻土密度实验记录(充砂法)

试样编号	测筒质量 m_1(g)	试样质量 m_0(g)	测筒、试样和充砂总质量 m_3(g)	充砂质量 (g)	充砂密度 ρ_s(g/cm³)	测筒容积 V_0(cm³)	试样体积 V(cm³)	冻土密度 ρ_f(g/cm³)

四、思考题

1. 冻土密度实验的关键是什么？
2. 冻土密度实验的测定方法有哪些？
3. 冻土密度实验的各种测定方法分别适用于何种情况？

实验 4　土的冻结温度实验

一、实验目的

土的冻结以土中孔隙水结晶为表征。冻结温度是判别土是否处于冻结状态的指标。纯水的结冰温度为0℃，土中水分由于受到土颗粒表面能的束缚且含有化学物质，其冻结温度均低于0℃，土的冻结温度主要取决于土颗粒的分散度、土中水的化学成分和外加载荷。通过本实验掌握土的冻结温度的测定方法，了解土冻结过程中的温度特征。

二、实验原理

纯净的水在0℃冻结。有人将蒸馏水置于清洁的容器中，冷却到0℃以下，仍处于液态。现在发现最低过冷水的温度可达-5℃。可是将这种过冷温度的水稍微震动一下，立刻出现冰晶。水的这种超过相变温度而不发生相变的现象，称为水的过冷现象。

根据 А. П. Воженова 的试验资料表明，各种土的冻结和融化过程，其温度特征都可以分成5个阶段，如图4-1和图4-2所示。

Ⅰ——冷却与过冷阶段。这阶段土体在外界负温环境里逐渐冷却，并处于过冷状态。

Ⅱ——温度突变阶段。此时冰结晶形成，水发生相变，放出潜热，温度跳跃上升到土中水冻结温度。

Ⅲ——水结晶阶段。此阶段温度稳定并等于土中水冻结温度，出现土中水结晶时相幕（零度幕）现象。砂土颗粒直径大，表面能小，土中水基本上为自由水，因而冻结温度十分稳定，并接近0℃。此阶段外界冷量与土中水冻结时放出的潜热相平衡，一直延续到砂土中水分几乎全部冻结为止。

Ⅳ——进一步冷却阶段。对于黏性土而言，土中水除自由水外，还有吸着水、薄膜水的结晶需要更低的温度，随着薄膜厚度的减薄，受到矿物颗粒分子引力增大，所以冻结温度越低，在冻结曲线上由Ⅲ过渡到Ⅳ。

Ⅴ——环境温度升高时的融化阶段。此阶段前一部分由于土温度提高，部分冰融化，因此要吸收相变热，这时土温相对稳定。当土中冰全部融化后，土温开始明显上升。

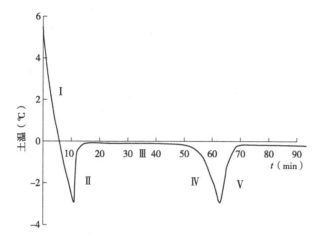

图 4-1　砂土的冷却-冻结曲线

（砂的含水量 $\omega = 19.6\%$，冷冻剂温度为 $-10℃$）

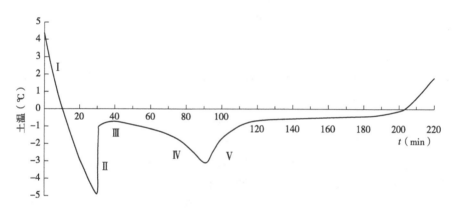

图 4-2　膨润土（细黏土）的冷却-冻结曲线

（膨润土的含水量 $\omega = 80.5\%$，冷冻剂温度为 $-10℃$）

实验表明，土中水在过冷以后，只要一开始结晶，由于释放潜热，土温就迅速上升，达到某一温度时就稳定下来，这时发生土孔隙中水的冻结过程。这一稳定温度称为起始冻结温度。

三、实验方法

1. 仪器设备

仪器设备包括测温设备（数字电压表、热电偶）、零温瓶、低温瓶、塑料管、试样杯等，冻结温度实验装置如图 4-3 所示。

（1）测温设备：由热电偶和数字电压表组成。热电偶宜选用 0.02mm 的铜和康铜线材制成。数字电压表的量程为 2mV，分度值为 1μV。

（2）零温瓶：容积为 3.57L，内盛冰水混合物，其温度应为 $(0 \pm 0.1)℃$。

（3）低温瓶：容积为 3.57L，内盛低融冰晶混合物，其温度宜为 $-7.6℃$。

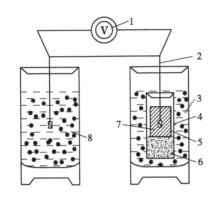

图4-3 冻结温度实验装置示意图
1. 数字电压表; 2. 热电偶; 3. 低温瓶; 4. 塑料管;
5. 试样杯; 6. 干砂; 7. 试样; 8. 零温瓶

（4）塑料管：内径5cm、壁厚5mm、长25cm的硬质聚氯乙烯管。管底应密封，管内装入5cm高的干砂。

（5）试样杯：选用黄铜制成，直径3.5cm，高5cm，带有杯盖。

（6）其他：用于配制低融冰晶混合物的氯化钠、氯化钙、切土刀、钢丝锯、硝基漆、搪瓷盘、盛土器等。

2. 实验步骤

（1）原状土

①按自然沉积方向放置土样。剥去蜂蜡和胶带，开启土样筒取出土样。

②试样杯内壁涂一薄层凡士林，杯口向下放在土样上，将试样杯垂直下压，并用切土刀沿杯外壁切削土样，边压边削土样至试样杯高度，用钢丝锯整平杯口，擦净外壁，盖上杯盖，并取余土测定含水率。

③将热电偶的测温端插入试样中心，杯盖周侧用硝基漆密封。

④向零温瓶内装入用纯水制成的冰块（冰块直径应小于2cm），然后倒入纯水，使水面与冰块面相平，再插入热电偶零温端。

⑤向低温瓶内装入用浓度2mol/L氯化钠等溶液制成的盐冰块（冰块直径应小于2cm），然后倒入相同浓度的氯化物溶液，使之与冰块面相平。

⑥将封好底且内装有5cm高干砂的塑料管插入低温瓶内，然后把试样杯放入塑料管内，再分别用橡皮塞和瓶盖将塑料管口和低温瓶口密封。

⑦将热电偶测定端与数字电压表相连，每分钟测量1次热电势，当电势值突然降低并连续3次稳定在某一数值（相应的温度即为冻结温度）时，实验结束。

（2）扰动冻土

①称取风干土样200g，将其平铺于搪瓷盘内，按所需的加水量将纯水均匀喷洒在土样上，充分拌匀后装入盛土器内，盖紧，润湿24h（砂质土的润湿时间可酌情减短）。

②将制备好的土样装入试样杯中，以装实装满为止，杯口加盖，然后将热电偶测温端插入试样中心，杯盖周侧用硝基漆密封。

③按本实验步骤（1）中④~⑦进行实验。

3. 实验结果计算

冻结温度应按式（4-1）计算：

$$T_f = U_f/K_f \tag{4-1}$$

式中 T_f——冻结温度（℃）；

U_f——热电势跳跃后的电压稳定值（μV）；

K_f——热电偶的标定系数（μV/℃）。

通过数据处理，可以得到土体冻结温度曲线，如图4-4所示。

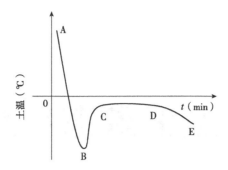

图 4-4　土体冷却-冻结曲线

根据曲线中温度跳跃的特征，得到跳跃后最高且稳定点的温度即为土壤的起始冻结温度，即图 4-4 中 C 点对应的温度。

4. 实验记录

将实验记录填入表 4-1 中。

表 4-1　土的冻结温度实验记录

热电偶编号：_____　　热电偶系数_____℃/μV				
序　号	历时(min)	电压稳定值 U_f(mV)	冻结温度 T_f(℃)	备　注

四、思考题

1. 什么是水的过冷现象？
2. 土冻结的温度特征可以分为几个阶段？
3. 什么是土的起始冻结温度？

实验 5 冻土未冻含水率实验

一、实验目的

未冻含水率是冻土物理力学性质变化的主导因子之一。通过本实验测定冻土试样在不同初始含水率状态时的冻结温度，以推算冻土未冻含水率。

二、实验原理

将相对含冰量和未冻含水率两个指标进行联合测定，从总的含水率中减去测定的含冰量，即可得到未冻含水率。

冻土未冻含水率测定的方法有许多种，如量热法、微波法、核磁共振法等。它们分别以热量平衡、微波吸收和核磁共振等原理为依据。量热法是一种经典的方法，其实验原理明确，具有一定的准确度，但操作及计算较烦琐；其他方法大都需要复杂而昂贵的仪器，一般单位难以采用。

本实验采用的方法是依据未冻含水率与负温为指数函数的规律，通过测定不同初始含水率的冻结温度(冰点)，利用双对数关系计算出未冻含水率的两点法。该法能满足实验准确度的要求，同时，与冻结温度实验方法相同。

三、实验方法

1. 仪器设备

测温设备(数字电压表、热电偶)、零温瓶、低温瓶、塑料管、试样杯等(见图4-3)。

2. 实验步骤

(1)称取风干土样 600g，平均分成 3 份，分别平铺于搪瓷盘内，其中一个试样按所需的加水量制备，另外两个试样分别采用试样的液限和塑限作为初始含水率，并分别测定在该两个界限含水率时的冻结温度。

注：液限采用 10mm 液限。

(2)将制备好的土样装入试样杯中，以装实装满为止，杯口加盖。然后将热电偶测温端插入试样中心，杯盖周侧用硝基漆密封。

(3)按实验 4 中实验步骤(1)中④~⑦进行实验。

3. 实验结果计算

$$\omega_n = A T_f^{-B} \tag{5-1}$$

$$A = \omega_L T_L^B \tag{5-2}$$

$$B = \frac{\ln\omega_L - \ln\omega_P}{\ln T_P - \ln T_L} \tag{5-3}$$

式中　ω_n——未冻含水率(%)；

A、B——与土的性质有关的常数；

T_f——冻结温度(冰点)绝对值(℃)；

ω_L——液限(%)；

ω_P——塑限(%)；

T_L——液限试样的冻结温度绝对值(℃)；

T_P——塑限试样的冻结温度绝对值(℃)。

4. 实验记录

将实验记录填入表 5-1 中。

表 5-1　冻土未冻含水率测定实验记录

序　号	历时(min)	电压表示值 $U_f(\mu V)$	冻结温度 $T_f(℃)$	A	B	冻土未冻含水率 $\omega_n(\%)$
冻结温度(冰点)绝对值 $T_f(℃)$						
液限试样的冻结温度绝对值 $T_L(℃)$						
塑限试样的冻结温度绝对值 $T_P(℃)$						

四、思考题

如何计算冻土的未冻含水率？

实验 6　冻土导热系数实验

一、实验目的

导热系数是表示土体导热能力的指标。通过本实验了解冻土导热系数测定原理，掌握冻土导热系数测定方法。

二、实验原理

冻土导热系数是在单位厚土层，其层面温度相差 1℃时，单位时间内在单位面积上通过的热量，它是表示土体导热能力的指标。

导热系数的测定方法分为稳态法和动态法两大类。稳态法测定时间较长，但实验结果重复性较好；动态法具有测定速度快的优点，但实验结果重复性较差。稳态法又可分为热流计法和比较法，但因国产热流计的性能欠佳，常采用比较法，选用导热系数稳定的物质作为标准试样。

三、实验方法

(一) 稳态法测定导热系数

1. 仪器设备

实验装置主要由恒温系统、测温系统和试样盒组成 (图 6-1)。

(1) 恒温系统：由两个尺寸为长×宽×高 = 50cm×20cm×50cm 的恒温箱和两台低温循环冷浴组成。恒温箱与试样盒接触面应采用 5mm 厚的平整铜板。两个恒温箱分别提供两个不同的负温环境 (-10℃和-25℃)。恒温准确度应为±0.1℃。

(2) 测温系统：由热电偶、零温瓶和量程为 2mV、分度值 1μV 的数字电压表组成。

(3) 试样盒：2 只，其外形尺寸均为长×宽×高 = 25cm×25cm×25cm，盒面的两侧为厚 5mm 的平整铜板。试样盒的另外两侧、底面和上端盒盖应采用尺寸为 25cm×25cm、厚 3mm 的胶木板。

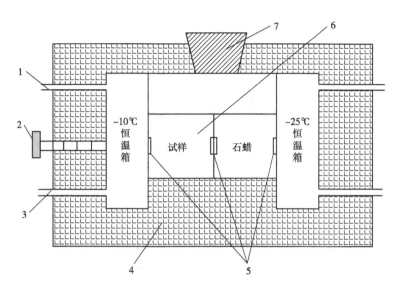

图6-1　导热系数实验装置示意图
1. 冷浴循环液出口；2. 夹紧螺杆；3. 冷浴循环液进口；4. 保温材料；
5. 热电偶测温端；6. 试样盒；7. 保温盖

（4）其他：搪瓷盘、石蜡。

2. 实验步骤

（1）将风干试样平铺在搪瓷盘内，按所需的含水率和土样制备要求制备土样。

（2）将制备好的土样按要求的密度装入一个试样盒中，盖上盒盖。装土时，将2支热电偶测温端安装在试样两侧铜板内壁的中心位置。

（3）向另一个试样盒中装入石蜡，作为标准试样。装石蜡时，按本实验步骤（2）要求安装2支热电偶。

（4）将分别装好石蜡和试样的2个试样盒按图6-1安装好，调整夹紧螺杆使试样盒和恒温箱的各铜板面紧密接触。

（5）接通测温系统。

（6）开动2个低温循环冷浴，分别将冷浴循环液温度设定为−10℃和−25℃。

（7）待冷浴循环液达到要求温度再运行8h后，开始测温。每隔10min分别测定1次标准试样和冻土试样两侧壁面的温度，并记录。当连续3次测得的各点温度的差值小于0.1℃时，实验结束。

（8）取出冻土试样，测定其含水率和密度。

3. 实验结果计算

冻土导热系数按式（6-1）计算：

$$\lambda = \frac{\lambda_0 \Delta \theta_0}{\Delta \theta} \tag{6-1}$$

式中　λ——冻土导热系数[W/(m·K)]；

　　　λ_0——石蜡的导热系数[0.279W/(m·K)]；

$\Delta\theta_0$——石蜡样品盒内两壁面温差($℃$)；

$\Delta\theta$——待测试样盒两壁面温差($℃$)。

4. 实验记录

将实验记录填入表6-1中。

表 6-1 稳态法测定冻土导热系数实验记录

试样含水率：_____% 试样密度：_____g/cm³ 石蜡导热系数：0.279W/(m·K)				
序 号	历时(min)	石蜡样品盒内 两壁面温差 $\Delta\theta_0$($℃$)	待测试样盒 两壁面温差 $\Delta\theta$($℃$)	导热系数 λ[W/(m·K)]	备 注

(二)动态法测定导热系数

1. 仪器设备

便携式导热系数测定仪(图6-2)，由主机、平板式传感器或针式传感器、打孔针、充电器组成。

实物

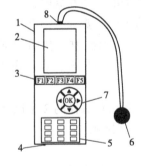
结构示意图

图6-2 便携式导热系数测定仪

1. 主机；2. 显示屏；3. 功能键；4. 充电器接口；5. 数字及操作键区；
6. 平板式传感器；7. 选择键；8. 传感器接口

2. 实验步骤

(1)实验在负温条件下进行。

(2)制备实验所用冻土试样，要求直径不小于60mm，最小厚度20～40mm，取决于其扩散率(导电性)，表面一定要平整。

(3)将平板式传感器与主机连接。

(4)将平板式传感器放在冻土表面，保证传感器与冻土紧密接触。

(5)打开主机，选择传感器量程，设置测量次数。

（6）测量结束，记录数据，求取平均值。

3. 实验记录

将实验记录填入表6-2中。

表6-2　动态法测冻土导热系数实验记录

序　号	导热系数 $\lambda[W/(m \cdot K)]$	体积热容量 $C[J/(kg \cdot ℃)]$	热扩散系数 $\alpha(m^2/s)$
平均值			

四、思考题

1. 什么是冻土导热系数？
2. 导热系数的测定方法有哪些？各有何优缺点？

实验 7 土的冻胀率实验

一、实验目的

土体在冻结过程中的冻胀变形量即为冻胀量。土体不均匀冻胀变形是寒区工程大量破坏的重要因素之一。因此，各项工程开展之前，必须对工程所在地区的土体作出冻胀性评价，以便采取相应措施，确保工程构筑物的安全可靠。本实验的目的是测定土冻结过程的冻胀量，从而计算表征土冻胀性的冻胀率。

二、实验原理

土体冻胀变形的基本特征值是冻胀量。但由于各地冻结深度等条件不同，其冻胀量值相差很大。为了便于比较土体冻胀变形的强弱，通常采用冻胀量与该冻结土层厚度之比，即冻胀率(用百分数计)作为土体冻胀性的特征值。

三、实验方法

1. 仪器设备

(1)土工冻胀试验箱(图 7-1)：由模具(图 7-2)、试验箱、控温系统、排水/补水系统、位移测试系统、温度测试系统(图 7-2)组成。

模具主要由筒壁、顶板、底板组成。筒壁由导热不良的非金属材料(如有机玻璃)制成，内径为 100mm，高度为 200mm。筒壁上每隔 20mm 设有温度传感器插入孔。顶板和底板由导热良好的金属材料(如合金铝)制成，为圆形平板，内部设有循环液流通槽，循环液流通槽的设计必须达到使板面温度均匀的要求。顶板和底板的外径均为 100mm，其高度根据循环液流通槽尺寸确定，与筒壁配套使用，分别放置在试样顶部和底部。底板提供外界水源补给或排水通道，顶板提供排气通道。顶板、底板分别与制冷控温系统相连。制冷控温系统由循环液储蓄槽、小型压缩机、加热丝、温控器等组成(图 7-3)。小型压缩机对循环液进行冷却，加热丝对循环液进行加热，循环液在储蓄槽和顶板、底板

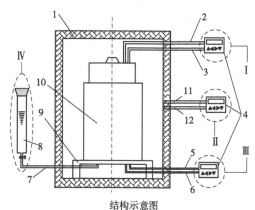

实物 结构示意图

图7-1 土工冻胀试验箱

Ⅰ.顶板制冷控温系统；Ⅱ.试验箱制冷控温系统；Ⅲ.底板制冷控温系统；Ⅳ.排水/补水系统

1.试验箱；2.顶板循环液入口；3.顶板循环液出口；4.制冷控温系统；5.底板循环液入口；

6.底板循环液出口；7.排水/补水管；8.马廖特瓶；9.模具支架；10.模具；

11.试验箱循环液入口；12.试验箱循环液出口

循环液流通槽中流动，顶板、底板和试样之间发生热交换，顶板、底板表面和储蓄槽内部都布设温度传感器，温控器与温度传感器、小型压缩机、加热丝相连，温控器根据温度传感器反馈回来的温度信息进行内部运算后决定小型压缩机或加热丝的启停，从而进行温度控制。

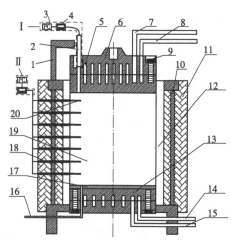

实物 结构示意图

图7-2 模 具

Ⅰ.位移测试系统；Ⅱ.温度测试系统

1.支架；2.位移传感器；3.计算机；4.数据采集器；5.循环液流通槽；6顶板；7.顶板循环液入口；

8.顶板循环液出口；9.螺栓；10.连接杆；11.保温材料；12.筒壁；13.底板；14.底板循环液入口；

15.底板循环液出口；16.排水/补水管；17.滤板；18.传感器插孔；19试样；20.温度传感器

试验箱由保温材料制成，其内部结构如图7-4所示，容积不小于0.8m³，箱内设置散热器、风扇、加热器、温度传感器，箱外设置制冷控温系统和二级温控器。散热器内设有循环液流通管，并与制冷控温系统相连，其控温原理与上述试样筒顶、底板的控温原理相同，只不过这里是散热器与箱内空气之间进行热交换。由于试验箱内的空间较大，要使其内部形成均匀稳定的温度场，需要进行二级控温。二级控温器与加热器及箱内的温度传感器相连，进行温度微调，当箱内温度低于设定的目标温度时，加热器工作；当箱内温度等于或高于目标温度时，加热器停止工作。风扇设置在散热器和加热器的后面，吹动箱内空气，加速散热器及加热器与箱内空气的热交换。排水/补水系统主要包括马廖特瓶和导水管（见图7-1），马廖特瓶通过导水管与底板相连。实验过程中定时记录水位，以确定补水量。

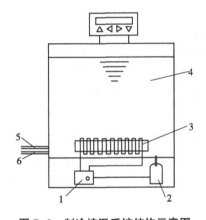

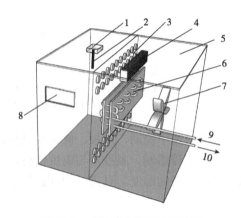

图7-3 制冷控温系统结构示意图　　　　　图7-4 试验箱内部结构示意图
1.温控器；2.小型压缩机；　　　　　　　1.二级温控器；2.温度传感器；3.隔板；4.加热器；
3.加热丝；4.循环液储蓄槽；　　　　　　5.试验箱；6.散热器；7.风扇；8.观察窗；
5.循环液入口；6.循环液出口　　　　　　9.试验箱循环液入口；10.试验箱循环液出口

（2）位移测试系统：由位移传感器（量程50mm，精度0.01mm）、数据采集仪、计算机和相关的软件组成。位移传感器布设在顶板上方，可测试实验过程中土样的轴向变形量。

（3）其他：土样切削器、电子天平、凡士林、滤纸、5cm厚泡沫塑料。

2. 实验步骤

（1）原状土

①土样应按自然沉积方向放置，剥去蜡封和胶带，开启土样筒取出土样。

②用土样切削器将原状土样削成直径为10cm、高为5cm的试样，用电子天平称量确定密度并取余土测定初始含水率。

③在有机玻璃试样盒内壁涂上一薄层凡士林，放在底板上，盒内放一张薄滤纸，然后将试样装入盒内，使其自由滑落在底板上。

④在试样顶面上放一张薄滤纸，然后放上顶板，并稍稍加力，以使试样与顶板、底板紧密接触。

⑤将盛有试样的试样盒放入恒温箱内，在试样周侧、顶板、底板内插入温度传感器，将试样周侧包裹上5cm厚的泡沫塑料以保温。连接顶板、底板冷液循环管路及底板补水管

路，供水并排除底板内气泡，调节供水装置水位(若考虑无水源补充状态，可切断供水)。安装位移传感器。

⑥若需模拟原状土天然受力状态，可施加相应的荷载。

⑦开启试验箱、试样顶板、底板制冷控制系统，将试验箱内顶板、底板温度均设定为1℃。

⑧试样恒温6h，并监测温度和变形。待试样初始温度均匀达到1℃以后，开始实验。

⑨顶板温度调节到-15℃并持续0.5h，让试样迅速从顶面冻结，然后将顶板温度调节到-2℃或所要求的负温，使土体温度匀速下降(一般黏质土以0.3℃/h，砂质土以0.2℃/h速度下降)。保持箱温和顶板温度均为1℃，记录初始水位。每隔1h记录水位、温度和变形量各1次。实验持续72h。

⑩实验结束后，迅速从试样盒中取出试样，量测试样高度并测定冻结深度。

(2)扰动土

①称取风干土样，加纯水拌和呈稀泥浆，装入内径为10cm的有机玻璃筒内，加压固结，直至达到所需初始含水率和干密度要求后，将土样从有机玻璃筒中推出，并将土样高度切削到5cm。

②继续按本实验步骤(1)中③~⑩进行实验。

3. 实验结果计算

土的冻胀率按式(7-1)计算：

$$\eta = \frac{\Delta h}{H_f - \Delta h} \times 100\% \qquad (7-1)$$

式中　η——冻胀率(%)；

　　　Δh——实验期间总冻胀量(mm)；

　　　H_f——冻土层厚度(mm)。

4. 实验记录

将实验记录填入表7-1中。

表7-1　土的冻胀率实验记录

试样含水率：　　　　%		试样密度　　　　g/m³					
序　号	时间(h)	温度传感器读数(℃)					变形量(mm)

四、思考题

1. 什么是土的冻胀率?
2. 试述本实验的主要实验步骤。

实验 8 冻土融化压缩实验

一、实验目的

测定冻土融化过程中的相对下沉量(融沉系数)和融沉后的变形与压力关系(融化压缩系数),供冻土地基的融化和压缩沉降计算用。

二、实验原理

冻土融化时在荷载作用下将同时发生融化下沉和压密。在单向融化条件下,这种沉降符合一维沉降。融化下沉是在土体自重作用下发生的,而压缩沉降则与外部压力有关。融沉系数是冻土融化过程中在自重作用下的相对下沉量。冻土融化后在外载荷作用下所产生的压缩变形称为融化压缩。融化压缩系数是单位荷载下的孔隙比变化量。目前,国内外在进行冻土融化压缩实验时首先是在微小压力下测出冻土融化后的沉降量,计算冻土的融沉系数,然后分级施加荷载测定各级荷载下的压缩沉降,并取某压力范围计算融化压缩系数,由此可以计算冻土融化压缩的总沉降量。本实验适用于冻结黏土和粒径小于 2mm 的冻结砂质土。

三、实验方法

1. 仪器设备

(1)融化压缩仪:如图 8-1 所示。其中,加热传压板应采用导热性能好的金属材料制成;试样环应采用有机玻璃或其他导热性低的非金属材料制成(试样环内径 79.8mm、高 40.0mm);保温外套可用聚苯乙烯或聚氨酯泡沫塑料。

(2)加荷设备:可采用量程为 2000kPa 的杠杆式、磅秤式和其他相同量程的加荷设备。

(3)变形测量设备:量程为 10mm,分度值为 0.01mm 的百分表或准确度为全量程 0.2%的位移传感器。

(4)恒温供水设备。

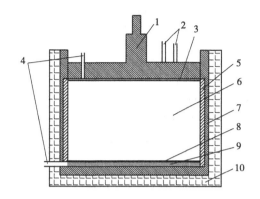

图 8-1 融化压缩仪示意图
1. 加热传压板；2. 热循环水进出口；3. 透水板；4. 上下排水孔；
5. 导环；6. 试样；7. 滤纸；8. 透水板；9. 试样环；10. 保温外套

(5)冻土钻样器：由钻架和钻具两部分组成。钻具开口内径为 79.8mm。钻样时将试样环套入钻具内，环外壁与钻具内壁应吻合平滑。

2. 实验步骤

(1)实验宜在负温环境下进行，严禁在切样和装样过程中使试样表面发生融化。实验过程中试样应自上而下单向融化。

(2)用冻土钻样器钻取冻土试样，其高度应大于试样环高度。从钻样剩余的冻土取样测定含水率。钻样时必须保持试样的层面与原状土一致，且不得上下倒置。

(3)将冻土样装入试样环，使之与环壁紧密接触。刮平冻土试样上、下面，但不得造成试样表面发生融化。测定冻土试样的密度。

(4)在融化压缩仪内先放透水板，其上放一张润湿的滤纸。将装有冻土试样的试样环放在滤纸上，套上护环。在试样上依次放滤纸、透水板、加热传压板，然后装上保温外套。融化压缩仪应置于加压框架正中，再安装百分表或位移传感器。

(5)施加 1kPa 的压力，调平加压杠杆。调整百分表或位移传感器到零位。

(6)用胶管连接加热传压板的热循环水进出口与事先装有 40~50℃ 水的恒温水槽，并打开开关，开动恒温器，以保持水温。

(7)试样开始融沉时即开动秒表，分别记录 1、2、5、10、30、60min 时的变形量。以后每 2h 观测记录 1 次，直至变形量在 2h 内小于 0.05mm 时为止，并测记最后一次变形量。

(8)融沉稳定后，停止热水循环，并开始加荷载进行压缩实验。加荷载等级视实际工程需要确定，宜取 50、100、200、400、800kPa，最后一级荷载应比土层的计算压力大 100~200kPa。

(9)施加每级荷载后 24h 为稳定标准，并测记相应的压缩量，直至施加最后一级荷载压缩稳定为止。

(10)实验结束后，迅速拆卸仪器各部件，取出冻土试样，测定含水率。

3. 实验结果计算

融沉系数按式(8-1)计算：

$$a_0 = \frac{\Delta h_0}{h_0} \times 100\% \tag{8-1}$$

式中　a_0——冻土融沉系数（%）；

　　　Δh_0——冻土融化下沉量（cm）；

　　　h_0——冻土试样初始高度（cm）。

冻土试样初始孔隙比按式（8-2）计算：

$$e_0 = \frac{\rho_\omega G_s (1 + 0.01\omega)}{\rho_0} - 1 \tag{8-2}$$

式中　e_0——试样初始孔隙比；

　　　ρ_ω——水的密度（g/m³）；

　　　ρ_0——试样初始密度（g/m³）；

　　　G_s——土粒比重；

　　　ω——试样含水率（%）。

融沉稳定后和各级压力下压缩稳定后的孔隙比按式（8-3）、式（8-4）计算：

$$e = e_0 - (h_0 - \Delta h_0)\frac{1 + e_0}{h_0} \tag{8-3}$$

$$e_i = e - (h - \Delta h)\frac{1 + e}{h} \tag{8-4}$$

式中　e、e_0——分别为融沉稳定后和压力作用下压缩稳定后的孔隙比；

　　　h、h_0——分别为融沉稳定后和初始试样高度（cm）；

　　　e_i——某一级压力作用下压缩稳定后的孔隙比；

　　　Δh、Δh_0——分别为压力作用下稳定后的下沉量和融沉下沉量（cm）。

某一压力范围内的冻土融化压缩系数按式（8-5）计算：

$$a = \frac{e_i - e_{i+1}}{p_{i+1} - p_i} \times 10^3 \tag{8-5}$$

式中　a——某一压力范围内的融化压缩系数（MPa⁻¹）；

　　　p_{i+1}、p_i——分级压力值（kPa）。

4. 绘制曲线图

绘制孔隙比与压力关系曲线，如图8-2所示。

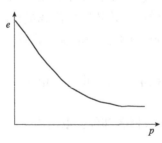

图8-2　孔隙比与压力关系曲线

5. 实验记录

将实验记录填入表 8-1 中。

表 8-1　冻土融化压缩实验记录

融沉后试样高度 h：_____ cm　　　融沉后试样孔隙比 e：_____

加压历时 t（h，min）	压力 p（kPa）	试样总变形量 $\sum \Delta h_i$（mm）	压缩后试样高度 $h=h_0-\sum \Delta h_i$（mm）	孔隙比 $e_i=e-\dfrac{\sum \Delta h_i(1+e)}{h}$	融化压缩系数 a（MPa^{-1}）

四、思考题

1. 什么是融沉系数？
2. 什么是融化压缩？什么是融化压缩系数？

实验 9　冻土单轴抗压强度实验

一、实验目的

冻土单轴抗压强度是冻土的主要力学性质指标之一，它表示冻土压缩破坏特征，对于冻土地基基础设计与施工参数的确定有着重要的作用。本次实验主要测定天然状态下冻土试样的单轴抗压强度，了解冻土的应力-应变关系。

二、实验原理

冻土单轴抗压强度是指冻土在侧面不受任何限制的条件下承受的最大轴向压力，也称无侧限抗压强度，一般由单轴抗压实验获得。单轴抗压实验是开展室内冻土力学性质研究基本的研究方法之一。这一方法主要以实验机加载为手段，以对所获应力-应变曲线的分析为基础。

三、实验方法

1. 仪器设备

(1)微控低温电子万能试验机(图 9-1)：由微机控制系统、电子万能试验机和低温环境模拟箱组成，符合《土工试验方法标准》(GB/T 50123—2019)中 20.2.1"无侧限抗压强度试验仪器设备"的要求，可以进行常规和低温环境下的抗拉、抗弯、抗剪实验。

轴向加压设备由框架、可升降横梁、作动器、加载杆等部件组成。可控温试验箱可在轨道上滑动，能放置在框架底座上，加载杆伸进试验箱内，加载杆和试样之间必须增加一个上压头，上压头直径比试样略大，高度根据需要而定。下压头通过螺丝固定在试验机框架底座上，试样放置在下压头上。

(2)其他：烘箱、凡士林等。

2. 实验步骤

本实验必须在负温环境中进行。实验温度在 $-5 \sim -1$℃，其波动度不得超过 ± 0.2℃；实

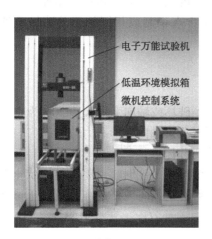
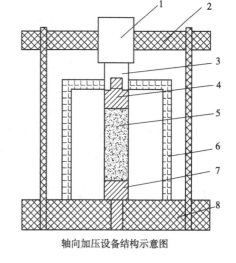

| 实物 | 轴向加压设备结构示意图 |

图9-1 微控低温电子万能试验机

1. 作动器；2. 可升降横梁；3. 加载杆；4. 上压头；5. 试样；6. 试验箱；7. 下压头；8. 框架底座

验温度在-5℃以下，其波动度不得超过±0.3℃。只有一种实验温度时，应选择-10℃。若有多种实验温度时，其中应有-10℃。如有特殊要求，可另选实验温度。在负温下使用的仪表须按国家有关规定定期进行负温标定。测温元件在每次实验前须用国家二级标准以上温度计进行校核。

（1）应变速率控制加载方式

①选择试样应变速率为1.0%/min，有特殊要求时按要求确定。

②制备原状或扰动土试样，试样规格φ39.1mm×80mm、φ61.8mm×150mm、φ50mm×100mm和φ100mm×200mm，放入可控温的恒温箱内，设定较低的温度（如-25℃），使试样快速冻结24h以上，然后调节恒温箱温度至所需的实验温度，使试样在设定温度下恒温24h以上。

③核实试样的来源、编号、密度、含水率，并记录，检查实验用仪器、设备及测试系统。

④实验前将试样表面涂抹一薄层凡士林，防止水分流失。

⑤打开与试验箱连接的制冷控温系统，设定所需要的实验温度。

⑥待试验箱内的温度达到要求后，打开试验箱门，将试样从恒温箱内取出，快速置于试验箱内的试样下压头上，保持2h以上，使试样恒温。

⑦按设定加载速率开动试验机，同时测读轴向变形和力值。当轴向应变在3%之内时，每增加0.3%~0.5%（或轴向变形0.5mm）测读一次；当轴向应变超过3%时，每增加0.6%~1.0%（或轴向变形1mm）测读一次。

⑧当力值达到峰值或稳定时，再继续增加3%~5%的应变值，即可停止实验；如果力值一直增加，则实验进行到轴向应变达到或大于20%为止。如果在刚性试验机上做应力-应变全过程实验，则应一直进行到应力接近零为止。

⑨停机卸载后取下试样，描述试样破坏后的状况并记录。

⑩对于冻结原状土试样的实验，若需测定抗压强度灵敏度时，可将冻结原状土在常温下解冻，105~110℃温度下烘干，按原状土密度及含水率制成相同规格的冻结重塑土试样，再按本实验步骤(1)中②~⑨进行实验。

(2)单轴负荷增加速率控制方式

①准备工作按本实验步骤(1)中②~⑥进行。

②确定负荷增加速率，使试样在(30±5)s内达到破坏或轴向变形大于20%为止。

③开动试验机按确定的负荷增加速率加载，同时测读轴向变形和力值。

④停机卸载后取下试样，描述试样破坏后的状况并记录。

⑤对于冻结原状土试样的实验，若需测定抗压强度灵敏度时，可将冻结原状土在常温下解冻，105~110℃下烘干，按原状土密度及含水率制成相同规格的冻结重塑土试样，再按①~④规定的步骤进行实验。

3. 实验结果计算

(1)轴向应变按式(9-1)计算：

$$\varepsilon_1 = \frac{\Delta h}{h_0} \tag{9-1}$$

式中　ε_1——轴向应变；

　　　Δh——轴向变形(mm)；

　　　h_0——实验前试样高度(mm)。

(2)试样横截面积按式(9-2)做校正计算：

$$A_a = \frac{A_0}{1-\varepsilon_1} \tag{9-2}$$

式中　A_a——校正后试样截面积(mm^2)；

　　　A_0——实验前试样截面积(mm^2)；

　　　其余符号同前。

(3)应力按式(9-3)计算：

$$\sigma = \frac{F}{A_a} \tag{9-3}$$

式中　σ——轴向应力(MPa)；

　　　F——轴向荷载(N)；

　　　其余符号同前。

以轴向应力为纵坐标，轴向应变为横坐标，绘制应力-应变曲线。取最大轴向应力作为冻土单轴抗压强度。

(4)抗压强度灵敏度按式(9-4)计算：

$$S_t = \frac{\sigma_b}{\sigma_b'} \tag{9-4}$$

式中　S_t——抗压强度灵敏度；

σ_b——原状冻土瞬时单轴抗压强度(MPa);

σ_b'——重塑冻土瞬时单轴抗压强度(MPa)。

4. 实验记录

将实验记录填入表9-1中。

表 9-1 冻土单轴抗压强度实验记录

实验前试样高度 $h_0=$　　 mm

实验前试样直径 $D_0=$　　 mm

实验前试样截面积 $A_0=$　　 mm

试样质量 $W_0=$　　 g

试样含水量 $W=$　　 %

试样密度 $r=$　　 g/mm^3

实验温度 $T=$　　 ℃

负温原状土单轴抗压强度 $\sigma_b=$　　 MPa

负温重塑土单轴抗压强度 $\sigma_b'=$　　 MPa

抗压强度灵敏度 $S_t=$

试样破坏情况:

轴向变形 Δh(mm)	轴向应变 ε_1(%)	校正面积 A_a(mm^2)	轴向荷载 F(N)	轴向应力 σ(MPa)	加载时间 t(min)
(1)	(2)	(3)	(4)	(5)	(6)
	$\dfrac{(1)}{h_0}$	$\dfrac{A_0}{1-(2)}$		$\dfrac{(4)}{(3)}$	

四、思考题

1. 什么是冻土单轴抗压强度?

2. 冻土单轴抗压强度实验有哪几种加载控制方式?实验停止条件是什么?

实验 10　冻土三轴压缩强度实验

一、实验目的

冻土的破坏与常规未冻土破坏一样，通常都是剪切破坏。例如，冻土区斜坡的稳定、地基土受荷载后的变形，以及人工冻结壁的受力问题。要解决工程实际问题，仅有单轴压缩强度的研究是不够的，它的应用也有一定局限性。因此，需要研究三向受载状态下的应力-应变行为及强度准则。通过本实验掌握和了解冻土三轴压缩强度实验的方法，了解冻土在三轴剪切条件下的强度特征，根据莫尔-库仑(Mohr-Coulomb)破坏准则测定冻土的黏聚力和内摩擦角。

二、实验原理

一般认为，土体的破坏条件用莫尔-库仑破坏准则表示比较符合实际情况。根据莫尔-库仑破坏准则，土体在各向主应力的作用下，作用在某一应力面上的剪应力(τ)与法向应力(σ)之比达到某一比值(即土的内摩擦角正切值 $\tan\varphi$)，土体就将沿该面发生剪切破坏，而与作用的各向主应力的大小无关。莫尔-库仑破坏准则的表达式为：

$$\frac{\sigma_1-\sigma_3}{2}=c\cos\varphi+\frac{\sigma_1+\sigma_3}{2}\sin\varphi \tag{10-1}$$

式中　σ_1——大主应力(kPa)；

$\quad\quad\sigma_3$——小主应力(kPa)；

$\quad\quad c$——土的黏聚力(kPa)；

$\quad\quad\varphi$——土的内摩擦角(°)。

常规的三轴压缩实验是取 3~4 个圆柱体试样，分别在其四周施加不同的恒定周围压力(即小主应力)σ_3，随后逐渐增加轴向压力(即大主应力)σ_1，直至破坏为止。根据破坏时的大主应力与小主应力分别绘制莫尔圆，莫尔圆的切线就是剪应力与法向应力的关系曲线，通常近似地以直线表示，其倾角为 φ，在纵轴上的截距 c(图 10-1)。

剪应力与法向应力的关系用库仑方程表示：

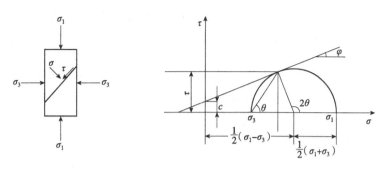

图 10-1　剪应力与法向应力关系

$$\tau = c + \sigma\tan\varphi \tag{10-2}$$

式中　τ——作用在破坏面上的剪应力；

　　　σ——作用在破坏面上的法向应力。

τ 和 σ 与大主应力 σ_1、小主应力 σ_3 及破坏面与大主应力面的倾角 θ 具有以下关系：

$$\sigma = \frac{1}{2}(\sigma_1+\sigma_3) + \frac{1}{2}(\sigma_1-\sigma_3)\cos2\theta \tag{10-3}$$

$$\tau = \frac{1}{2}(\sigma_1-\sigma_3)\sin2\theta \tag{10-4}$$

式中　$\theta = 45° + \frac{1}{2}\varphi$。

三、实验方法

1. 仪器设备

（1）低温冻土三轴仪：由制冷机、三轴压力室、轴向加压设备、围压系统、反压力系统、孔隙水压力测量系统、位移传感器组成。

三轴压力室包括底座、筒壁、顶板、上盖（图 10-2）。底座由导热不良、强度高的材料（如环氧树脂）制成，试样放置在底座上。筒壁圆柱形，分为三层。内层由导热性能好的金属材料制成，中层由导热不良的非金属材料制成，内层和中层之间盘有耐低温管道，并与外部的制冷控温系统相连；外层由金属材料制成，中层和外层之间填充聚氨酯保温材料。顶板由金属材料制成，内部设有循环液流通槽道，并与外部的制冷控温系统相连。上盖外侧由金属材料制成，内侧由非金属材料制成，中间填充保温材料。常规三轴仪的压力室内充满水或

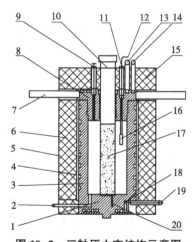

图 10-2　三轴压力室结构示意图

1. 底座；2. 注油入口；3. 筒壁内层；4. 筒壁中层；
5. 筒壁外层；6. 保温材料；7. 扳杠；8. 顶板；
9. 排气阀；10. 加载杆；11. 温度传感器插孔；
12. 传感器接线；13. 顶板循环液入口；
14. 顶板冷却循环液出口；15. 上盖；
16. 温度传感器；17. 试样；18. 压力室循环液入口；
19. 压力室循环液出口；20. 排水管

空气，但由于水在负温下会冻结成冰，而空气和试样之间的热交换速度又比较慢，因此，冻土三轴仪的压力室内充满95%乙醇。乙醇既作为施加围压的媒介，也作为热传导的媒介。

三轴压力室的筒壁、顶板分别与外部制冷控温系统相连。制冷控温系统由循环液储蓄槽、小型压缩机、加热丝、温控器组成。小型压缩机冷却循环液，加热丝加热循环液，循环液在储蓄槽和压力室的筒壁及顶板之间循环流动，和压力室的乙醇进行热交换，使乙醇降温，试样放置在乙醇中，乙醇与试样之间进行热交换，使试样温度降低并保持。

轴向加压设备由高压油源、控制器、框架、可升降横梁、作动器、加载杆等组成。压力室放置在框架底座上，加载杆伸进压力室内。常规三轴仪上带的加载杆由金属材料制成，对于低温冻土三轴仪，为了减少压力室内外的热交换，必须在原有的加载杆下部增加一个上压头(应由导热不良、强度高的材料制成)，上压头直径与试样一致，高度根据需要而定。

(2)其他：橡皮膜、橡皮圈、95%乙醇等。

2. 实验步骤

本实验必须在负温环境中进行。实验温度在-5~-1℃，其波动度不得超过±0.2℃；实验温度在-5℃以下，其波动不得超过±0.3℃。只有一种实验温度时，应选择-10℃。若有多种实验温度时，其中应有-10℃。如有特殊要求，可另选实验温度。在负温下使用的仪表须按国家有关规定定期进行负温标定。测温元件在每次实验前须用国家二级标准以上温度计进行校核。

(1)制备试样：试样高度 h 与直径 D 之比应为2.0~2.5，直径 D 分别为39.1mm、61.8mm、101mm，制备好后将其放入可控温的恒温箱内，设定较低的温度(如-30℃)，使试样快速冻结4~6h，然后调节恒温箱温度至所需的试验温度，使试样在设定温度下恒温24h以上。

(2)开启制冷机和温度控制开关，给三轴压力室预降温。

(3)在三轴压力室底座上依次放置下透水板、试样、上透水板和试样帽，在试样外面套上橡皮膜，并将橡皮膜两端与底座及试样帽用橡皮圈扎紧。放上压力罩，将活塞对准试样中心，并拧紧底座连接螺母。向压力室注满95%乙醇，拧紧排气孔。

(4)开启轴向加压设备，先将压力室升起，使压力室活塞杆与轴向荷载传感器头接近接触。

(5)调节温度控制系统，将温度设定到所需要的实验温度，使试样恒温2h以上。

(6)施加围压，其大小应与工程实际荷载相对应。

(7)围压施加好后，此时应将"轴向荷载"传感器读数清零。

(8)保持围压不变，维持2h，使试样内部结构更均匀。

(9)将位移传感器放在底板上，清零读数。

(10)此时，设置相应应变速率，轴向应变速率取1%/min，启动低温冻土三轴仪，测读体变测量仪的数值，实验过程中围压波动度不大于±10kPa。

(11)当轴向应力不再增加时，继续加载到轴向应变增加3%~5%。若力值读数无明显减少，实验直至轴向应变达到20%为止，记录荷载及变形终值。

(12)实验结束后卸去轴向荷载和围压，排出压力室内的95%乙醇，取出试样并关闭低温冻土三轴仪，描述试样破坏后形状，测定实验后试样的含水量和密度。

3. 实验结果计算

（1）应变按式（10-5）计算：

$$\varepsilon_1 = \frac{\Delta h}{h_0} \times 100\% \tag{10-5}$$

式中　ε_1——轴向总应变（%）；

$\quad\quad\Delta h$——轴向变形（mm）；

$\quad\quad h_0$——实验前试样高度（mm）。

（2）试样横截面积按式（10-6）做校正计算：

$$A_a = \frac{A_0}{1-\varepsilon_1} \tag{10-6}$$

式中　A_a——校正后试样截面积（mm^2）；

$\quad\quad A_0$——实验前试样截面积（mm^2）。

（3）应力按式（10-7）计算：

$$\sigma_1 = \frac{F}{A_a} \tag{10-7}$$

式中　σ_1——轴向总应力（MPa）；

$\quad\quad F$——轴向荷载（N）；

$\quad\quad$其余符号同上。

（4）轴向偏应力

①轴向偏应力按式（10-8）计算：

$$\sigma_p = \sigma_1 - \sigma_3 \tag{10-8}$$

②剪应力按式（10-9）计算：

$$\tau = \frac{\sigma_1 - \sigma_3}{2} \tag{10-9}$$

③法向应力按式（10-10）计算：

$$\sigma_n = \frac{\sigma_1 + \sigma_3}{2} \tag{10-10}$$

式中　σ_p——轴向偏应力（MPa）；

$\quad\quad\sigma_1$——轴向总应力（MPa）；

$\quad\quad\sigma_3$——围压（MPa）；

$\quad\quad\tau$——剪应力（MPa）；

$\quad\quad\sigma_n$——法向应力（MPa）。

（5）绘图

①绘制主应力差（$\sigma_1-\sigma_3$）与应变关系（ε_1）曲线（图 10-3）。

②绘制应力莫尔圆（图 10-4），并做莫尔圆包络线。该包络线与各莫尔圆交点处切线的平均倾角为土的内摩擦角 φ，这些切线在纵轴上的平均截距为黏聚力 c。

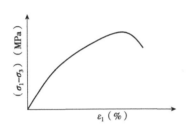

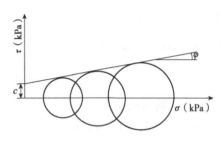

图 10-3　主应力差与应变关系曲线　　　图 10-4　应力莫尔圆示意图

4. 实验记录

将实验记录填入表 10-1 中。

表 10-1　冻土三轴压缩强度实验记录

实验前试样高度 $h_0 =$　　mm 实验前试样直径 $D_0 =$　　mm 实验前试样截面积 $A_0 =$　　mm^2 试样质量 $G =$　　g 实验前试样含水量 $W_0 =$　　% 实验前试样密度 $r =$　　g/mm^3 实验温度 $T =$　　℃ 围压 $\sigma_3 =$　　MPa 实验前试样体积 $V_0 =$　　mm^3 轴向应变速率 $v =$　　%/min 实验后试样含水量 $W =$　　% 实验后试样密度 $r' =$　　g/mm^3	试样破坏情况：

轴向变形 Δh （mm）	轴向荷载 $F(N)$	试样体积变化 $\Delta V(mm^3)$	轴向应变 $\varepsilon(\%)$	试样实际面积 $A_a(mm^2)$	主应力差 $\sigma_1 - \sigma_3$	轴向主应力 $\sigma_1(MPa)$

四、思考题

1. 本实验的目的是什么？
2. 简述冻土三轴压缩强度实验的实验原理。

实验 11　冻土单轴压缩蠕变实验

一、实验目的

由于冻土中赋存着冰包裹体，在荷载作用下，冰的塑性流动和冰晶将重新定向，发生不可逆的结构再造作用，与此同时，冻土中未冻的黏滞水膜的存在，导致冻土在很小的荷载下出现应力松弛和蠕变变形，即冻土的强度和变形随时间而变化，这就是冻土与其他固体和未冻土的主要区别。冻土蠕变过程中可同时表现出弹性、黏性和塑性，因此说冻土的蠕变过程就是弹塑黏滞性变形的过程。

本实验通过对冻土蠕变进行单轴压缩，来得出冻土在单轴压缩下的基本变形规律。

二、实验原理

冻土单轴压缩蠕变是冻土在无侧向应力时轴向压应力不变的条件下，其变形随时间的延长而改变的性质。蠕变过程可以减速进行或加速进行。第一种情况为衰减蠕变（Ⅰ类蠕变）过程，当冻土所受应力较小时，其变形速率逐渐减小并趋近于0（图11-1a）。第二种情况为非衰减蠕变（Ⅱ类蠕变）过程，当冻土所受应力大于某一确定值时，其变形速率由减小到恒定到增大，最后破坏。Ⅱ类蠕变的过程一般可分为3个阶段（瞬时变形除外），即变

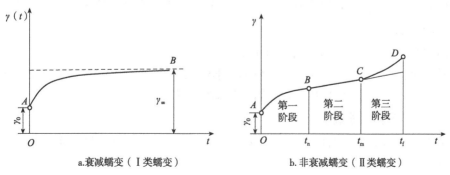

a.衰减蠕变（Ⅰ类蠕变）　　　　　b.非衰减蠕变（Ⅱ类蠕变）

图 11-1　蠕变变形随时间变化的曲线

形速率逐渐减小为非稳定蠕变阶段；变形速率是常数为稳定蠕变阶段；变形速率逐渐增大到实验破坏为加速蠕变阶段（图 11-1b）。

在这两种情况下，蠕变变形等于受荷载作用后立即发生的相对瞬时变形 γ_0 与随时间发展的变形 $\gamma(t)$ 之和：$\gamma = \gamma_0 + \gamma(t)$。

进行冻土压缩蠕变实验的加载方式一般有两种：一是恒定荷载实验（恒荷载实验，图 11-2a），二是分级施加荷载实验（图 11-2b）。前者作用在试样上的荷载为常数，后者在每一阶段的荷载为常数。

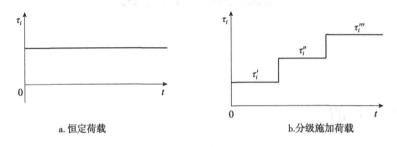

a.恒定荷载　　　　　　　　　　b.分级施加荷载

图 11-2　冻土压缩蠕变实验的加载方式

三、实验方法

1. 仪器设备

（1）单轴蠕变试验仪：最大轴向压力 100kN，精度 1%。

（2）应力及变形测试元件：压力传感器（量程 0~100kN，精度 1%）；位移传感器（轴向量程 0~50mm，精度 1%；径向量程 0~25mm，精度 1%）；数据自动采集系统。

（3）温度传感器：量程 -40~40℃，精度 0.2℃。

（4）冷却及温控设备。

（5）实验用含水量、密度测试装置。

2. 实验步骤

本实验应在规定的实验温度中进行。温度波动度≤±0.2℃。只有一种实验温度时，应选择 -10℃；若有多种实验温度时，其中应有 -10℃；如果有特殊要求，可另选实验温度。

（1）试样制备

采用冻结原状土试样或冻结重塑土试样。

试样数量：一种土层 5 个（多试样单轴压缩蠕变实验）或 2 个（单试样分级加载单轴压缩蠕变实验），其中一个试样用于进行瞬时单轴抗压强度实验。

（2）多试样单轴压缩蠕变实验

①核实试样的来源、编号、密度、含水量、温度等，并记录，检查实验设备、仪表及测试系统等。

②测量试样尺寸，对冻结后变形的试样进行修正（精度：外形尺寸误差小于 1.0%，试样两端面平行度不得大于 0.5mm），称其质量并记录。

③按照实验 9 用一个试样实验得到瞬时单轴抗压强度。

④确定合适的蠕变加载系数 k_i，并根据瞬时单轴抗压强度计算出逐级加载所需荷载，并记录。

⑤在试样外面套一层塑料膜，以防止含水率变化，将试样装在单轴蠕变试验仪的上、下加压头之间。安装并连接好压力量测系统、位移量测系统。

⑥启动加载系统，给试样迅速加载至所需荷载或应力值，记录此刻的变形值（弹性变形），并随时记录时间、变形值。实验过程中试样所受应力宜保持恒定（其波动度不超过 ±10kPa）。

⑦当试样变形已达稳定（$\mathrm{d}\varepsilon/\mathrm{d}t \leqslant 0.0005\mathrm{h}^{-1}$，Ⅰ类蠕变）后 24h 以上或趋于破坏（Ⅱ类蠕变）时，测试结束。记下时间、变形终值。

⑧卸去荷载，取出试样，描述其破坏情况。

⑨若需获得蠕变曲线簇，可根据需要确定几个不同的蠕变加载系数 k_i。重复①、②和④~⑧的步骤。蠕变加载系数 k_i 按 0.3、0.4、0.5 和 0.7（或根据实验需要选择）取值。对于需超过 100h 的蠕变实验，k_i 按 0.1、0.2、0.3 和 0.5 取值。

（3）单试样分级加载单轴蠕变实验

①根据需要确定各级加载的蠕变加载系数 k_i，取值同步骤（2）中⑨的步骤。

②取最小一级蠕变加载系数，按本实验步骤（2）中①~⑥的步骤进行。

③测试进行到变形已达稳定（$\mathrm{d}\varepsilon/\mathrm{d}t \leqslant 0.0005/\mathrm{h}^2$，Ⅰ类蠕变）或变形速率趋于常数（$|\mathrm{d}^2\varepsilon/\mathrm{d}t^2|$ 不大于 $0.0005/\mathrm{h}^2$，Ⅱ类蠕变）超过 24h（但不超过 48h）时，一级蠕变结束。

④依次取不同的蠕变加载系数，计算出所需荷载值，重复本实验步骤（2）中⑥和步骤（3）中③的步骤。

⑤当某一级的测试进入第三阶段时，不能再进行下一级的加载，可将此级蠕变进行到试样破坏为止。

⑥卸去荷载，取出试样，描述其破坏情况。

3. 实验结果计算

（1）应变计算

①轴向应变按式（11-1）、式（11-2）计算：

$$\varepsilon_\mathrm{h} = \frac{\Delta h}{h_0} \tag{11-1}$$

$$\varepsilon_\mathrm{c} = \varepsilon_\mathrm{h} - \varepsilon_\mathrm{e} \tag{11-2}$$

式中　ε_h——轴向总应变；

　　　Δh——试样轴向变形（mm）；

　　　h_0——实验前试样高度（mm）；

　　　ε_c——蠕变应变；

　　　ε_e——弹性应变（加载过程瞬时应变）。

②径向应变按式(11-3)计算：

$$\varepsilon_d = \frac{\Delta D}{D_0} \qquad (11-3)$$

式中　ε_d——径向应变；

　　　ΔD——试样直径平均变化量(mm)；

　　　D_0——实验前试样平均直径(mm)。

(2)应力、荷载计算

①应力按式(11-4)计算：

$$\sigma_i = \frac{k_i}{\sigma_b} \qquad (11-4)$$

式中　σ_i——第i级加载时试样所受应力(MPa)；

　　　k_i——第i级蠕变加载系数；

　　　σ_b——瞬时单轴抗压强度(MPa)。

②荷载按式(11-5)计算：

$$P_i = \sigma_i A_i \qquad (11-5)$$

$$A_i = \frac{A_{i-1}}{1-\varepsilon_{i-1}} \qquad (11-6)$$

式中　P_i——第i级所加荷载值(N)；

　　　A_i——试样在加第i级荷载时的横截面积(mm^2)；

　　　ε_{i-1}——试样在加第$(i-1)$级荷载时的应变。

(3)单轴压缩蠕变数学模型及蠕变参数

根据实验数据建立相应的蠕变数学模型，如式(11-7)所示：

$$\varepsilon_c = f(T, \sigma_i, t) \qquad (11-7)$$

宜采用式(11-8)所示函数描述蠕变数学模型：

$$\varepsilon_c = \frac{A_0}{(|T|+1)^D} \cdot \sigma^B \cdot t^C \qquad (11-8)$$

式中　T——实验温度(℃)；

　　　σ——轴向恒应力(MPa)；

　　　t——蠕变时间(h)；

　　　A_0、B、C、D——与实验温度、轴向恒应力、蠕变时间相关的参数。

计算出对应的蠕变参数，绘制蠕变曲线，并对拟合效果进行描述。

4. 实验记录

将实验记录填入表11-1中。

表 11-1 冻土单轴压缩蠕变实验

实验前试样高度 h_0 =　　 mm

实验前试样直径 D_0 =　　 mm

实验前试样截面积 A_0 =　　 mm²

试样质量 W_0 =　　 g

实验前试样含水量 W =　　 %

实验前试样密度 r =　　 g/mm³

实验温度 T =　　 ℃

单轴抗压强度 σ_b =　　 MPa

① 冻土单轴压缩蠕变曲线：

② 蠕变数学模型及参数：

③ 试样破坏情况：

蠕变加载系数	轴向应力（MPa）	弹性变形（mm）	变形始值（mm）	变形终值（mm）	起始时间	终止时间

四、思考题

1. 冻土发生蠕变变形的原因是什么？
2. 简述冻土单轴压缩蠕变实验的步骤。
3. 试绘制冻土单轴压缩蠕变曲线。

实验 12　冻土三轴压缩蠕变实验

一、实验目的

对实际工程中有些受载冻土体进行力学稳定性计算时，不能直接应用单轴应力状态下蠕变实验所得的蠕变公式，而需要的是能真实反映冻土在复杂受力状态下的蠕变特性的本构方程。通过本实验掌握冻土三轴压缩蠕变实验的方法，绘制蠕变曲线和长期强度曲线，了解蠕变变形过程。

二、实验原理

冻土三轴压缩蠕变是冻土在三向压缩应力不变，且轴向应力大于围压应力条件下，其变形随时间延长而改变的性质。冻土三轴压缩蠕变过程与单轴压缩蠕变过程一样，具有非常明显的三个阶段：非稳定蠕变阶段、稳定蠕变阶段和加速蠕变阶段。第三阶段的出现与否仍然受制于某一极限值：$(\sigma_1-\sigma_3)_u$，当 $(\sigma_1-\sigma_3) \geqslant (\sigma_1-\sigma_3)_u$ 时，出现非衰减蠕变（Ⅱ类蠕变）；当 $(\sigma_1-\sigma_3) < (\sigma_1-\sigma_3)_u$ 时，发生衰减蠕变（Ⅰ类蠕变）。

进行冻土三轴压缩蠕变实验的加载方式也分为两种：恒定荷载实验（恒荷载实验）和分级施加荷载实验。

三、实验方法

1. 仪器设备

（1）低温三轴蠕变试验仪（图 12-1）：最大轴向荷载 200kN，围压 6MPa（适用于土层埋深小于 300m）、12MPa（适用于土层埋深小于 700m）及 20MPa（适用于土层埋深小于 1200m），波动度不超过 10kPa。

（2）应力及变形测试元件：压力传感器（量程 0~200kN，精度 1%）；位移传感器（轴向量程 0~50mm，精度 1%；径向量程 0~25mm，精度 1%）；数据自动采集系统等。

（3）温度传感器：量程 -40~40℃，精度 0.2℃。

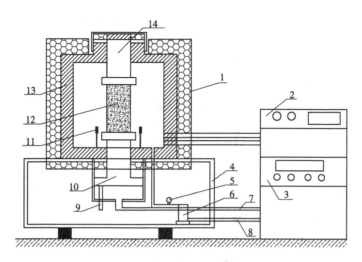

图 12-1 低温三轴蠕变试验仪

1. 油缸；2. 制冷系统；3. 液压系统；4. 支座；5. 围压量测装置；6. 体变量测装置；
7. 轴压加载油路；8. 围压加载油路；9. 轴向位移传感器；10. 轴向加载活塞；
11. 温度传感器；12. 试样；13. 保温层；14. 轴向压力传感器

（4）冷却及温控设备。

（5）实验用含水量、密度测试装置。

2. 实验步骤

本实验应在负温中进行。温度波动度小于等于 ±0.2℃ 。只有一种实验温度时，应选择 -10℃ ；若有多种实验温度时，其中应有 -10℃ ；如果有特殊要求，可另选实验温度。实验前应将各实验用仪器、设备校正合格。

（1）试样制备

采用冻结原状土试样或冻结重塑土试样。

试样数量：一种土层 5 个（多试样三轴压缩蠕变实验）或 2 个（单试样分级加载三轴压缩蠕变实验），其中一个试样用于进行三轴压缩强度实验。

（2）多试样分别加载三轴压缩蠕变实验

①核实试样的来源、编号、容重、含水量、温度等，并记录，检查试验设备、仪表及测试系统等。

②测量试样尺寸，对冻结后变形的试样按规定要求进行修正，同时称重并记录。

③按实验 10 用一个试样实验得到瞬时三轴压缩强度。

④确定合适的蠕变加载系数 k_i ，并根据瞬时三轴压缩实验结果计算出所需轴向荷载和围压并记录。

⑤用乳胶膜密封试样，将试样装在低温三轴蠕变试验仪的上、下加压头之间，安装并连接好压力量测系统、位移量测系统。

⑥施加围压，使试样在规定围压下固结。

⑦对压力量测系统、位移量测系统等调零或设定起始点。在恒定围压下给试样迅速加

载至所需荷载或应力值，同时记录时间、变形等，实验过程中试样所受应力保持稳定，波动度不超过±10kPa。

⑧当试样变形已稳定($d\varepsilon/dt \leq 0.0005h^{-1}$，Ⅰ类蠕变)24h以上或已破坏(Ⅱ类蠕变)时，测试结束。记录结束时的时间和变形。

⑨卸去荷载，取出试样，描述其破坏情况并记录。

⑩若需得蠕变曲线簇，可根据需要确定几个不同的应力系数k_i，一般k_i按0.3、0.4、0.5、0.7取值。重复步骤(2)中①②和④~⑨的步骤。

(3)单试样分级加载三轴压缩蠕变实验

①确定各级蠕变加载系数k_i，一般k_i按0.3、0.4、0.5、0.7取值。

②取最小一级蠕变加载系数，按步骤(2)中①~⑦规定的步骤进行。

③测试进行到变形已达稳定($d\varepsilon/dt \leq 0.0005h^{-1}$，Ⅰ类蠕变)或变形速率趋于常数($|d^2\varepsilon/dt^2| \leq 0.0005h^{-2}$，Ⅱ类蠕变)24h以上(不超过48h)，一级蠕变结束。

④依次取不同的蠕变加载系数k_i，计算出所需荷载值，重复步骤(2)中⑦和步骤(3)中③规定的步骤。

⑤当某一级的测试进入第三阶段时，不能再进行下一级的加载，可将此级蠕变进行到试样破坏为止。

⑥卸去荷载，取出试样，描述其破坏情况并记录。

3. 实验结果计算

(1)应变计算

①轴向应变按式(12-1)和式(12-2)计算：

$$\varepsilon_1 = \frac{\Delta h}{h_0} \tag{12-1}$$

$$\varepsilon_{1c} = \varepsilon_1 - \varepsilon_e \tag{12-2}$$

式中　ε_1——试样轴向总应变，从对应于蠕变开始时计算；

　　　Δh——试样轴向变形量(mm)；

　　　h_0——实验前试样轴向长度(mm)；

　　　ε_{1c}——试样轴向蠕变应变；

　　　ε_e——弹性应变(加载过程中瞬时应变)。

②径向应变按式(12-3)和式(12-4)计算：

$$\varepsilon_3 = \frac{\Delta D}{D_0} \tag{12-3}$$

$$\varepsilon_{3c} = \varepsilon_3 - \varepsilon_{3e} \tag{12-4}$$

式中　ε_3——试样总平均径向应变；

　　　ΔD——试样直径平均变化量(mm)；

　　　D_0——实验前试样平均直径(mm)；

　　　ε_{3c}——试样平均径向蠕变应变(从对应的轴向蠕变应变开始时刻计)；

　　　ε_{3e}——试样加恒定蠕变应力后的平均瞬时径向应变(与对应的瞬时轴向应变时间段

一致)。

③应变强度计算:

对于轴对称三轴压缩按式(12-5)计算:

$$r_c = \frac{2}{3}(\varepsilon_{1c} - \varepsilon_{3c}) \tag{12-5}$$

式中　r_c——应变强度;

其余符号同上。

当忽略试样径向蠕变应变时按式(12-6)计算:

$$r_c = \frac{2}{3}\varepsilon_{1c} \tag{12-6}$$

(2)应力计算

①应力强度计算:

对于轴对称三轴压缩按式(12-7)计算:

$$\tau = \sigma_1 - \sigma_3 \tag{12-7}$$

式中　τ——应力强度(MPa);

σ_1——轴向主应力(MPa);

σ_3——径向主应力(MPa)。

②应力强度按式(12-8)计算:

$$\tau_i = k_i\tau_b \tag{12-8}$$

式中　τ_i——第 i 级蠕变应力强度取值(MPa);

k_i——加载系数;

τ_b——试样瞬时剪应力强度(MPa)。

(3)蠕变数学模型

根据三轴压缩蠕变数据,建立相应的蠕变数学模型,按式(12-9)计算:

$$r_c = f(T,\ \tau,\ t) \tag{12-9}$$

式中　T——实验温度(℃);

t——蠕变时间(h);

其余符号同上。

采用幂函数描述人工冻土蠕变数学模型按式(12-10)计算:

$$\gamma_c = \frac{A_0}{(|T|+1)^D} \cdot \tau^B \cdot t^C \tag{12-10}$$

式中　A_0——实验确定的常数;

B——实验确定的应力影响无量纲常数;

C——实验确定的时间影响无量纲常数;

D——实验确定的温度影响无量纲常数。

求出对应的蠕变参数,绘制三轴压缩蠕变曲线。

4. 实验记录

将实验记录填入表12-1中。

表 12-1 冻土三轴压缩蠕变实验

实验前试样高度 $h_0 =$　　　mm

实验前试样直径 $D_0 =$　　　mm

实验前试样截面积 $A_0 =$　　　mm^2

试样质量 $W_0 =$　　　g

试样含水量 $W =$　　　%

试样密度 $r =$　　　g/mm^3

实验温度 $T =$　　　℃

围压 $\sigma =$　　　MPa

瞬时剪应力强度 $\tau =$　　　MPa

①冻土三轴压缩蠕变曲线：

②蠕变数学模型及参数：

③试样破坏情况：

蠕变加载系数	轴向荷载（N）	弹性变形（mm）	变形始值（mm）	变形终值（mm）	起始时间	终止时间

四、思考题

1. 简述冻土三轴压缩蠕变实验步骤。
2. 试分析冻土三轴压缩蠕变的变形和强度变化规律。

实验 13　岩石抗冻性实验

一、实验目的

岩石的抗冻性是用来评估岩石在饱和状态下经受规定次数的冻融循环后抵抗破坏的能力，岩石抗冻性对于不同的工程环境气候有不同的要求。通过本实验掌握岩石抗冻性的测定方法及评价指标，了解仪器设备性能。

二、实验原理

岩石孔隙中的水结冰时体积膨胀，会产生巨大的压力。岩石抵抗这种压力作用的能力，称为岩石的抗冻性。岩石抗冻性实验采用直接冻融法，将岩石经过饱水处理后进行规定次数的冻融循环，通过测定冻融循环前后岩石的质量、吸水量和抗压强度，计算出岩石质量损失率、吸水率和冻融系数对岩石抗冻性进行评价。

三、实验方法

1. 仪器设备

(1) 切石机、钻石机及磨石机等岩石试件加工设备。

(2) 冻融装置：应能控制最低温度达-24℃。

(3) 天平：量程大于 500g，感量 0.01g。

(4) 放大镜。

(5) 烘箱：能使温度控制在 105~110℃。

2. 实验步骤

(1) 试件制备：试件为圆柱体，直径为 (50±2) mm，高径比为 2：1。每组试件不少于 6 个，3 个做冻融实验，3 个做未经冻融的饱水抗压强度。

(2) 将试件编号，用放大镜详细检查，并做外观描述。然后量出每个试件的尺寸，计算受压面积。将试件放入烘箱，在 105~110℃ 下烘至恒量，烘干时间一般为 12~24h，待在干燥器内冷却至室温后取出，立即称量其质量 m_s，精确至 0.01g(以下皆同此)。

(3)按岩石吸水率实验方法，让试件强制吸水饱和，然后取出擦去表面水分，放在铁盘中，试件与试件之间应留有一定间距。

(4)待冻融装置温度下降到 -18℃ 以下时，将铁盘连同试件一起放入冻融装置，并立即开始计时。在(-20±2)℃ 温度下冻结 4h 后取出试件，放入(20±2)℃ 的恒温水中融解 4h，如此反复冻融至规定次数为止。冻融次数规定：在严寒地区(最冷月的月平均气温低于 -15℃)为 25 次；在寒冷地区(最冷月的月平均气温低于 -15~-5℃)为 15 次。

(5)每隔一定的冻融循环次数(如 10、15、25 次等)详细检查各试件有无剥落、裂缝、分层及掉角等现象，并记录检查情况。

(6)称量冻融实验后的试件饱水质量 m'_f，再将其烘干至恒量，称量其质量 m_f。

(7)将冻融实验后的试件经过饱水处理后，将试件置于压力机的承压板中央，对正上、下承压板，不得偏心。

(8)以 0.5~1.0MPa/s 的速率进行加荷载直至破坏，记录破坏荷载及加荷载过程中出现的现象。

(9)另取 3 个未经冻融实验的试件测定其饱水抗压强度。

3. 实验结果计算

(1)岩石冻融后的质量损失率按式(13-1)计算，取 3 个试件实验结果的算术平均值：

$$L = \frac{m_s - m_f}{m_s} \times 100\% \qquad (13-1)$$

式中　L——冻融后的质量损失率(%)；

　　　m_s——实验前烘干试件的质量(g)；

　　　m_f——冻融实验后的烘干试件的质量(g)。

(2)岩石冻融后的吸水率按式(13-2)计算：

$$\omega'_{sa} = \frac{m'_f - m_f}{m_f} \times 100\% \qquad (13-2)$$

式中　ω'_{sa}——岩石冻融后的吸水率(%)；

　　　m'_f——冻融实验后试件饱水质量(g)。

(3)岩石的冻融系数按式(13-3)计算：

$$K_f = \frac{R_f}{R_s} \qquad (13-3)$$

式中　K_f——冻融系数；

　　　R_f——经若干次冻融实验后的试件饱水抗压强度(MPa)；

　　　R_s——未经冻融实验的试件饱水抗压强度(MPa)。

抗冻系数大于 75%，质量损失率小于 2% 时，为抗冻性好的岩石；吸水率小于 0.5%，软化系数大于 0.75 及饱水系数小于 0.8 的岩石，具有足够的抗冻能力。

4. 实验记录

将实验记录填入表 13-1 中。

表 13-1 岩石抗冻性实验记录

试件名称			实验日期	
试件描述				
冻融试件				
试件编号	1		2	3
试件尺寸(mm)				
实验前烘干试件的质量 m_s(g)				
冻融次数				
冻融后的试件饱水质量 m'_f(g)				
冻融后的试件烘干质量 m_f(g)				
冻融实验后的试件饱水抗压强度 R_f(MPa)				
非冻融试件				
试件编号	4		5	6
试件尺寸(mm)				
未经冻融实验的试件饱水抗压强度 R_s(MPa)				
备　注				

四、思考题

1. 什么是岩石的抗冻性？
2. 岩石冻融实验的冻融次数是如何规定的？
3. 如何计算岩石冻融后的质量损失率、吸水率和岩石的冻融系数？

实验 14 砂浆抗冻性实验

一、实验目的

砂浆是建筑上常用的材料,砂浆的抗冻性是衡量砂浆的一个重要指标。通过本实验掌握砂浆抗冻性能的测试方法,了解仪器设备性能,评判砂浆的抗冻性能。

二、实验原理

砂浆抗冻性能实验通过模拟砂浆在寒冷气候下经历的冻融循环过程,测定其冻融循环前后的质量和抗压强度,计算出砂浆试件冻融后的强度损失率和质量损失率,评价砂浆的抗冻性能。本实验适用于砂浆强度等级大于 M2.5 的试件在负温环境中冻结,在正温水中溶解的方法进行抗冻性能检验。

三、实验方法

1. 仪器设备

(1)冷冻箱(室):装入试件后能使箱(室)内的温度保持在-20~-15℃。

(2)篮框:用钢筋焊成,其尺寸与所装试件的尺寸相适应。

(3)天平或台秤:量程 2kg,感量 1g。

(4)溶解水槽:装入试件后,水温应能保持在 15~20℃。

(5)压力试验机:精度应为 1%,量程应不小于全量程的 20%,且应不大于全量程的 80%。

2. 实验步骤

(1)试件制备:采用 70.7mm×70.7mm×70.7mm 的立方体砂浆抗冻试件,制备 2 组(每组 3 块),分别作为抗冻和与抗冻试件同龄期的对比抗压强度检验试件。

(2)试件如无特殊要求应在 28d 龄期进行冻融实验。实验前 2d 应把冻融试件和对比试件从养护室取出,进行外观检查并记录其原始状况,随后放入 15~20℃ 的水中浸泡,浸泡的水面应至少高出试件顶面 20mm，冻融试件浸泡 2d 后取出，并用拧干的湿毛巾轻轻擦去表面水分然后对冻融试件进行编号，称量其质量。冻融试件置入篮框进行冻融实验，对比试件则放回标准养护室中继续养护，直到完成冻融循环后，与冻融试件同时试压。

（3）冻或融时，篮框与容器底面或地面须架高 20mm，篮框内各试件之间应至少保持 50mm 的间距。

（4）冷冻箱（室）内的温度均应以其中心温度为准。试件冻结温度应控制在 -20 ~ -15℃。当冷冻箱（室）内温度低于 -15℃ 时，试件方可放入。如试件放入之后，温度高于 -15℃ 时，则应以温度重新降至 -15℃ 时计算试件的冻结时间。从装完试件至温度重新降至 -15℃ 的时间不应超过 2h。

（5）每次冻结时间为 4h，冻后立刻取出并应立即放入能使水温保持在 15 ~ 20℃ 的水槽中进行融化。此时，槽中水面应至少高出试件表面 20mm，试件在水中融化的时间不应小于 4h。融化完毕即为一次冻融循环。取出试件，送入冻冷箱（室）进行下一次循环实验，以此类推直至设计规定次数或试件破坏为止。

（6）每 5 次循环，应进行 1 次外观检查，并记录试件的破坏情况；当该组试件 3 块中有 2 块出现明显破坏（分层、裂开、贯通缝）时，则应终止该组试件的抗冻性能实验。

（7）冻融实验结束后，将冻融试件从水槽取出，用拧干的湿布轻轻擦去试件表面水分，称量其质量。对比试件提前 2d 浸水，再把冻融试件与对比试件同时进行抗压强度实验。

（8）将冻融试件或与对比试件安放在试验机的下压板（或下垫板）上，试件的承压面试件的承压面应与成型时的顶面垂直，试件中心应与试验机下压板（或下垫板）中心对准。开动试验机，当上压板与试件（或下垫板）接近时，调整球座，使接触面均衡受压。承压实验应连续而均匀地加荷，加荷速度应为 0.25 ~ 1.5kN/s（砂浆强度不大于 5MPa 时，宜取下限，砂浆强度大于 5MPa 时，则宜取上限），当试件接近破坏而开始迅速变形时，停止调整试验机油门，直至试件破坏，记录破坏荷载。

3. 实验结果计算

（1）砂浆试件冻融后的强度损失率按式（14-1）计算：

$$\Delta f_{m} = \frac{f_{m1} - f_{m2}}{f_{m1}} \times 100\% \tag{14-1}$$

式中　Δf_{m}——n 次冻融循环后的砂浆强度损失率（%）；

　　　f_{m1}——对比试件的抗压强度平均值（MPa）；

　　　f_{m2}——经 n 次冻融循环后的 3 块试件抗压强度平均值（MPa）。

（2）砂浆试件冻融后的质量损失率按式（14-2）计算：

$$\Delta m_{m} = \frac{m_{0} - m_{n}}{m_{0}} \times 100\% \tag{14-2}$$

式中　Δm_{m}——n 次冻融循环后的质量损失率，以 3 块试件的平均值计算（%）；

　　　m_{0}——冻融循环实验前的试件质量（g）；

　　　m_{n}——n 次冻融循环后的试件质量（g）。

当冻融试件的抗压强度损失率不大于 25%，且质量损失率不大于 5% 时，说明该组砂浆在实验的循环次数下抗冻性能为合格，否则为不合格。

4. 实验记录

将实验记录填入表 14-1 中。

表 14-1　砂浆抗冻性能实验记录

样品编号			试件尺寸(mm)				
养护期龄			设计强度等级(MPa)				
冻融循环次数			实验日期				

试件编号	冻融试件						对比试件				质量损失率 Δm_m(%)	强度损失率 Δf_m(%)
	冻融前		冻融后质量 m_n(g)	冻融后(烘干)		外观状况	试件编号	强度		外观状况		
	质量 m_0(g)	外观状况		强度				荷载(kN)	强度 f_{m1}(MPa)			
				荷载(kN)	强度 f_{m2}(MPa)							
1							1					
2							2					
3							3					
备注												

四、思考题

1. 本实验适用于哪种砂浆的抗冻性测试?
2. 简述砂浆冻融循环一次的过程。
3. 简述砂浆抗冻性能合格与否的判定条件。

实验 15 普通混凝土抗冻性实验

一、实验目的

普通混凝土的抗冻性是评定混凝土耐久性的主要指标之一，评价指标有抗压强度、重量损失、表面剥落量、残余应变和相对动弹性模量几种。通过本实验掌握普通混凝土抗冻测试方法，了解仪器设备性能，评价普通混凝土的抗冻性能。本实验所用混凝土均为普通混凝土。

二、实验原理

普通混凝土抗冻性实验方法有三种，即慢冻法、快冻法、单面冻融法。

(1)慢冻法：适用于测定混凝土试件在气冻水融的反复冻融循环下的抗冻性能。采用边长为 100mm 的立方体试件为标准试件，将经浸水饱和的试件放入冻融试验箱内进行实验。以试件抗压强度损失率不超过 25% 或者质量损失率不超过 5% 时的最大冻融循环次数确定试件抗冻性能，并以之标号。如最大冻融循环次数为 100 次，其抗冻标号为 F100。标准的抗冻标号是采用 28d 龄期的试件进行实验，经实验论证后，也可采用 60d 或 90d 龄期的试件进行实验。

(2)快冻法：适用于测定混凝土试件在水冻水融的反复冻融循环下的抗冻性能。将 100mm×100mm×400mm 的试件放置在试件盒内固定，注入清水浸泡进行冻融循环。每次冻融循环在 2~4h 完成，用于融化的时间不少于整个冻融时间的 1/4。每隔 25 次循环需要测量 1 次时间的横向基频并称重，并按式(15-4)~式(15-7)计算相对动弹性模量 P 和质量损失率。以相对动弹性模量 P 下降至初始值的 60% 或者质量损失率达 5% 时的最大冻融循环次数作为混凝土抗冻等级。

(3)单面冻融法：适用于测定处于大气环境中且与盐或其他介质接触的冻融循环的混凝土的抗冻性能。采用边长为 150mm 的立方体标准试件，并附加 150mm×150mm×2mm 的聚四氟乙烯片，最终切割成 150mm×110mm×70mm 的标准试件，将与聚四氟乙烯片接触的面作为测试面，将该面放入 3% 氯化钠盐溶液中进行冻融循环。以能够经受的冻融循环次数(达到 28 次冻融循环时)或者表面剥落质量(试件单位表面面积剥落物总质量大于 $1500g/m^2$ 时)或超声波相对动弹性模量(试件的超声波相对动弹性模量降低到 80%时)来表示的混凝土抗冻性能。

我国常用的方法为慢冻法和快冻法。

三、实验方法

(一)慢冻法

1. 仪器设备

(1)冻融试验箱:应能使试件静止不动,并应通过气冻水融进行冻融循环。在满载运转的条件下,冷冻期间冻融试验箱内空气的温度应能保持在-20~-18℃;融化期间冻融试验箱内浸泡混凝土试件的水温应能保持在 18~20℃;满载时冻融试验箱内各点温度极差不应超过 2℃。采用自动冻融设备时,控制系统还应具有自动控制、数据曲线实时动态显示、断电记忆和实验数据自动存储等功能。

(2)试件架:应采用不锈钢或者其他耐腐蚀的材料制作,其尺寸应与冻融试验箱和所装的试件相适应。

(3)称量设备:最大量程应为 20kg,感量不应超过 5g。

(4)压力试验机:试件破坏荷载宜大于压力机全量程的 20%且小于压力机全量程的 80%;示值相对误差应为±1%;应具有加荷速度指示装置或加荷速度控制装置,并应能均匀、连续地加荷;试验机上、下承压板的平面度公差不应大于 0.04mm,平行度公差不应大于 0.05mm,表面硬度不应小于 55HRC,板面应光滑、平整,表面粗糙度不应大于 0.8μm;球座应转动灵活,置于试件顶面,并凸面朝上。

(5)温度传感器:温度检测范围不应小于-20~20℃,测量精度应为±0.5℃。

2. 实验步骤

(1)试件准备:应采用尺寸为边长 100mm 的立方体试件,所需试件组数应符合表 15-1 的规定,每组试件应为 3 块(所有试件的承压面的平面度公差不得超过试件的边长或直径的 0.0005,试件的相邻面间的夹角应为 90°,公差不得超过 0.5°,试件各边长、直径或高度的公差不得超过 1mm)。

表 15-1 慢冻法实验所需要的试件组数

设计抗冻标号	D25	D50	D100	D150	D200	D250	D300	D300 以上
检查强度所需冻融次数	25	50	50 及 100	100 及 150	150 及 200	200 及 250	250 及 300	300 及设计次数
鉴定 28d 强度所需试件组数	1	1	1	1	1	1	1	1
冻融试件组数	1	1	2	2	2	2	2	2
对比试件组数	1	1	2	2	2	2	2	2
总计试件组数	3	3	5	5	5	5	5	5

(2)在标准养护室内或同条件养护的冻融实验的试件应在养护龄期为 24d 时提前将试件从养护地点取出,随后应将试件放在(20±2)℃水中浸泡,浸泡时水面应高出试件顶面

20~30mm，在水中浸泡的时间应为4d，试件应在28d龄期时开始进行冻融实验。始终在水中养护的冻融实验的试件，当试件养护龄期达到28d时，可直接进行后续实验，对于此种情况，应在实验报告中予以说明。

（3）当试件养护龄期达到28d时应及时取出冻融实验的试件，用湿布擦除表面水分后应对外观尺寸进行测量，并应分别编号、称重，然后按编号置入试件架内，且试件架与试件的接触面积不宜超过试件底面的1/5。试件与箱体内壁之间应至少留有20mm的空隙。试件架中各试件之间应至少保持30mm的空隙。

（4）冷冻时间应在冻融箱内温度降至-18℃时开始计算。每次从装完试件到温度降至-18℃所需的时间应在1.5~2.0h。冻融箱内温度在冷冻时应保持在-20~-18℃。

（5）每次冻融循环中试件的冷冻时间不应小于4h。

（6）冷冻结束后，应立即加入温度为18~20℃的水，使试件转入融化状态，加水时间不应超过10min。控制系统应确保在30min内，水温不低于10℃，且在30min后水温能保持在18~20℃。冻融箱内的水面应至少高出试件表面20mm。融化时间不应小于4h。融化完毕视为该次冻融循环结束，可进入下一次冻融循环。

（7）每25次循环宜对冻融试件进行1次外观检查。当出现严重破坏时，应立即进行称重。当一组试件的平均质量损失率超过5%时，可停止其冻融循环实验。

（8）试件在达到表15-1规定的冻融循环次数后，应对试件进行称重及外观检查，详细记录试件表面破损、裂缝及边角缺损情况。当试件表面破损严重时，应先用高强石膏找平，然后进行抗压强度实验。抗压强度实验可参考《混凝土物理力学性能试验方法标准》（GB/T 50081—2019）。

（9）当冻融循环因故中断且试件处于冷冻状态时，试件继续保持冷冻状态，直至恢复冻融实验为止，并在实验结果中注明故障原因及暂停时间。当试件处在融化状态下因故中断时，中断时间不应超过2次冻融循环的时间。在整个实验过程中，超过2次冻融循环时间的中断故障次数不得超过2次。

（10）当部分试件由于失效破坏或者停止实验被取出时，应用空白试件填充空位。

（11）当冻融循环出现下列三种情况之一时，可停止实验：①已达到规定的循环次数；②抗压强度损失率已达到25%；③质量损失率已达到5%。

（12）对比试件继续保持原有的养护条件，直到完成冻融循环后，与冻融实验的试件同时进行抗压强度实验。

3. 实验结果计算

（1）强度损失率按式（15-1）进行计算：

$$\Delta f_c = \frac{f_{c0} - f_{cn}}{f_{c0}} \times 100\% \tag{15-1}$$

式中　Δf_c——n次冻融循环后的混凝土抗压强度损失率（%），精确至0.1%；

　　　f_{c0}——对比用的一组混凝土试件的抗压强度测定值（MPa），精确至0.1MPa；

　　　f_{cn}——经n次冻融循环后的一组混凝土试件抗压强度测定值（MPa），精确至0.1MPa。

f_{c0} 和 f_{cn} 应以 3 个试件抗压强度实验结果的算术平均值作为测定值。当 3 个试件抗压强度最大值或最小值与中间值之差超过中间值的 15% 时，应剔除此值，再取其余 2 个值的算术平均值作为测定值；当最大值和最小值均超过中间值的 15% 时，应取中间值作为测定值。

（2）单个试件的质量损失率应按式（15-2）计算：

$$\Delta W_{ni} = \frac{W_{0i} - W_{ni}}{W_{0i}} \times 100\% \qquad (15-2)$$

式中　ΔW_{ni}——n 次冻融循环后第 i 个混凝土试件的质量损失率（%），精确至 0.1%；

　　　　W_{0i}——冻融循环实验前第 i 个混凝土试件的质量（g）；

　　　　W_{ni}——经 n 次冻融循环后第 i 个混凝土试件的质量（g）。

（3）一组试件的平均质量损失率应按式（15-3）计算：

$$\Delta W_n = \frac{\sum\limits_{i=1}^{3} \Delta W_{ni}}{3} \times 100\% \qquad (15-3)$$

式中　ΔW_n——n 次冻融循环后一组混凝土试件的平均质量损失率（%），精确至 0.1%。

每组试件的平均质量损失率应以 3 个试件的质量损失率实验结果的算术平均值作为测定值。当某个实验结果出现负值，应取 0，再取 3 个试件的算术平均值。当 3 个值中的最大值或最小值与中间值之差超过 1% 时，应剔除此值，再取其余 2 个值的算术平均值作为测定值；当最大值和最小值与中间值之差均超过 1% 时，应取中间值作为测定值。

4. 实验记录

将实验记录填入表 15-2 中。

表 15-2　普通混凝土抗冻性（慢冻法）实验记录

样品编号				样品尺寸			
设计强度等级（MPa）				实验日期			
试件养护条件							

参数名称	冻融循环实验次数 n（次）							
	1	2	3	平均	1	2	3	平均
冻融循环实验前试件质量 W_{0i}（g）								
冻融循环实验前试件外观				—				—
冻融循环实验后试件质量 W_{ni}（g）								
冻融循环实验后试件外观				—				—
n 次冻融循环试验后试件质量损失率 ΔW_{ni}（%）								
试件承压面积 A（mm²）								
对比试件破坏荷载 P_0（kN）								

（续）

对比试件抗压强度 f_{c0}(MPa)						
冻融循环实验后试件破坏荷载 P_n(kN)						
冻融循环实验后试件抗压强度 f_{cn}(MPa)						
n 次冻融循环试验后抗压强度损失率 Δf_c(%)						
确定抗冻等级						
备　注						

（二）快冻法

1. 仪器设备

（1）试件盒：宜采用具有弹性的橡胶材料制作，其内表面底部应有半径为 3mm 橡胶突起部分。盒内加水后水面应至少高出试件顶面 5mm。试件盒横截面尺寸宜为 115mm×115mm，试件盒长度宜为 500mm（图 15-1）。

（2）快速冻融装置：应符合现行行业标准《混凝土抗冻试验设备》（JG/T 243—2009）的规定。除应在测温试件中埋设温度传感器外，尚应在冻融箱内防冻液中心、中心与任何一个对角线的两端分别设有温度传感器。运转时冻融箱内防冻液各点温度的极差不得超过 2℃。

（3）称量设备：最大量程应为 20kg，感量不应超过 5g。

（4）混凝土动弹性模量测定仪：输出频率可调范围应为 100~20 000Hz，输出功率应能使试件产生受迫振动。

（5）温度传感器（包括热电偶、电位差计等）：应在 -20~20℃ 测定试件中心温度，且测量精度应为 ±0.5℃。

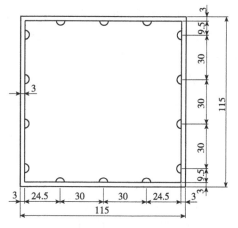

图 15-1　橡胶试件盒横截面示意图
（单位：mm）

2. 实验步骤

（1）试件准备：采用尺寸为 100mm×100mm×400mm 的棱柱体试件，每组试件应为 3 块。成型试件时，不得采用憎水性脱模剂。除制作冻融实验的试件外，还应制作同样形状、尺寸，且中心埋有温度传感器的测温试件，测温试件应采用防冻液作为冻融介质。测温试件所用混凝土的抗冻性能应高于冻融试件。测温试件的温度传感器应埋设在试件中心。温度传感器不应采用钻孔后插入的方式埋设。

（2）在标准养护室内或同条件养护的试件应在养护龄期为 24d 时提前将冻融实验的试件从养护地点取出，随后应将冻融试件放在 (20±2)℃ 水中浸泡，浸泡时水面应高出试件顶面 20~30mm。在水中浸泡时间应为 4d，试件应在 28d 龄期时开始进行冻融实验。始终在水中养护的试件，当试件养护龄期达到 28d 时，可直接进行后续实验。对于此种情况，应在实验报告中予以说明。

(3)当试件养护龄期达到 28d 时应及时取出试件，用湿布擦除表面水分后应对外观尺寸进行测量(所有试件的承压面的平面度公差不得超过试件的边长或直径的 0.0005，试件的相邻面间的夹角应为 90°，公差不得超过 0.5°，试件各边长、直径或高度的公差不得超过 1mm)，并应编号、称量试件初始质量 W_{0i}；然后应按《普通混凝土长期性能和耐久性能试验方法标准》(GB/T 50082—2009)的规定测定其横向基频的初始值 f_{0i}。

(4)将试件放在试件盒内中心位置，然后将试件盒放入冻融箱内的试件架中，并向试件盒中注入清水。在整个实验过程中，盒内水位高度应始终保持至少高出试件顶面 5mm。

(5)测温试件盒应放在冻融箱的中心位置。

(6)冻融循环过程应符合下列规定：

①每次冻融循环应在 2~4h 完成，且用于融化的时间不得少于整个冻融循环时间的 1/4；

②在冷冻和融化过程中，试件中心最低和最高温度应分别控制在(-18±2)℃和(5±2)℃。在任意时刻，试件中心温度不得高于 7℃，且不得低于-20℃；

③每块试件从 3℃降至-16℃所用的时间不得少于冷冻时间的 1/2；每块试件从-16℃升至 3℃所用时间不得少于整个融化时间的 1/2，试件内外的温差不宜超过 28℃；

④冷冻和融化之间的转换时间不宜超过 10min。

(7)每隔 25 次冻融循环宜测量试件的横向基频 f_{ni}。测量前应先将试件表面浮渣清洗干净并擦干表面水分，然后检查其外部损伤并称量试件的质量 W_{ni}。随后应按《普通混凝土长期性能和耐久性能试验方法标准》(GB/T 50082—2009)规定的方法测量横向基频。测完后，应迅速将试件调头后重新装入试件盒内并加入清水，继续实验。试件的测量、称量及外观检查应迅速，待测试件应用湿布覆盖。

(8)当有试件停止实验被取出时，应另用其他试件填充空位。当试件在冷冻状态下因故中断时，试件应保持在冷冻状态，直至恢复冻融实验为止，并在实验结果中注明故障原因及暂停时间。试件在非冷冻状态下发生故障的时间不宜超过 2 个冻融循环的时间。在整个实验过程中，超过 2 个冻融循环时间的中断故障次数不得超过 2 次。

(9)当冻融循环出现下列情况之一时，可停止实验：①已达到规定的循环次数；②试件的相对动弹性模量下降到 60%；③质量损失率已达到 5%。

3. 实验结果计算

(1)相对动弹性模量按式(15-4)、式(15-5)计算：

$$P_i = \frac{f_{ni}^2}{f_{0i}^2} \times 100\% \tag{15-4}$$

式中　P_i——经 n 次冻融循环后第 i 个混凝土试件的相对动弹性模量(%)，精确至 0.1%；

　　f_{ni}——经 n 次冻融循环后第 i 个混凝土试件的横向基频(Hz)；

　　f_{0i}——冻融循环实验前第 i 个混凝土试件的横向基频初始值(Hz)。

$$P = \frac{1}{3}\sum_{i=1}^{3} P_i \tag{15-5}$$

式中　P——经 n 次冻融循环后一组混凝土试件的相对动弹性模量(%)，精确至0.1%。

相对动弹性模量 P 应以3个试件实验结果的算术平均值作为测定值。当最大值或最小值与中间值之差超过中间值的15%时，应剔除此值，并应取其余2个值的算术平均值作为测定值；当最大值和最小值与中间值之差均超过中间值的15%时，应取中间值作为测定值。

(2)单个试件的质量损失率按式(15-6)计算：

$$\Delta W_{ni} = \frac{W_{0i} - W_{ni}}{W_{0i}} \times 100\% \tag{15-6}$$

式中　ΔW_{ni}——n 次冻融循环后第 i 个混凝土试件的质量损失率(%)，精确至0.1%；

$\quad\quad W_{0i}$——冻融循环实验前第 i 个混凝土试件的质量(g)；

$\quad\quad W_{ni}$——经 n 次冻融循环后第 i 个混凝土试件的质量(g)。

(3)一组试件的平均质量损失率应按式(15-7)计算：

$$\Delta W_n = \frac{\sum_{i=1}^{3} \Delta W_{ni}}{3} \times 100\% \tag{15-7}$$

式中　ΔW_n——n 次冻融循环后一组混凝土试件的平均质量损失率(%)，精确至0.1%。

每组试件的平均质量损失率应以3个试件的质量损失率实验结果的算术平均值作为测定值。当某个实验结果出现负值，应取0，再取3个试件的算术平均值。当3个值中的最大值或最小值与中间值之差超过1%时，应剔除此值，再取其余2个值的算术平均值作为测定值；当最大值和最小值与中间值之差均超过1%时，应取中间值作为测定值。

4. 实验记录

将实验记录填入表15-3中。

表15-3　普通混凝土抗冻性(快冻法)实验记录

样品编号				样品尺寸			
设计强度等级(MPa)				实验日期			
试件养护条件							
参数名称	冻融循环实验次数 n(次)						
	1	2	3	平均	1	2	3	平均
冻融循环实验前试件质量 W_{0i}(g)							
冻融循环实验前试件外观			—				—
冻融循环实验后试件质量 W_{ni}(g)							
冻融循环实验后试件外观			—				—
n 次冻融循环实验后试件质量损失率 ΔW_{ni}(g)							
冻融循环实验前试件横向基频初始值 f_{0i}(Hz)							
n 次冻融循环实验后试件横向基频值 f_{ni}(Hz)							
n 次冻融循环实验后试件相对动弹性模量 P_i(%)							
确定抗冻等级							
备注							

四、思考题

1. 普通混凝土抗冻性实验方法有哪几种？
2. 普通混凝土抗冻性实验各方法的实验停止条件是什么？
3. 简述普通混凝土抗冻性实验慢冻法和快冻法的冻融循环过程。

实验 16 砌墙砖抗冻
性能实验

一、实验目的

砌墙砖的抗冻性能是评定砌墙砖耐久性的主要指标之一，评定指标有抗压强度损失率和质量损失率。通过本实验掌握砌墙冻融循环的测试方法，了解仪器设备性能，评定混凝土的抗冻性能。

二、实验原理

砌墙砖冻融破坏主要是砖中的非结合水结冰，体积膨胀产生水压力与砖中的过冷水发生迁移产生渗透压共同作用的结果。本实验将砌墙砖经过浸水处理后进行规定次数的冻融循环，测定冻融循环前后砌墙砖的烘干质量和抗压强度，计算出砌墙砖的质量损失率和强度损失率，对砌墙砖抗冻性进行评价。

三、实验方法

1. 仪器设备

(1)低温箱或冷冻室：试样放入箱(室)内温度可调至-20℃或-20℃以下。

(2)水槽：保持槽中水温 10~20℃为宜。

(3)台秤：分度值不大于 5g。

(4)电热鼓风干燥箱：最高温度 200℃。

(5)抗压强度试验机：试验机的示值相对误差不超过±1%，其上、下加压板至少应有 1 个球铰支座，预期最大破坏荷载应在量程的 20%~80%。

2. 实验步骤

(1)试样准备：试样数量为 10 块，其中 5 块用于冻融实验，另外 5 块用于未冻融强度实验。

(2)用毛刷清理试样表面，将试样放入鼓风干燥箱中在(105±5)℃下干燥至恒重(在干燥过程中，前后两次称量相差不超过 0.2%，前后两次称量时间间隔为 2h），称其质量 m_0，并检查外观，将缺棱掉角和裂纹做标记。

（3）将试样浸在 10~20℃ 水中，24h 后取出，用湿布拭去表面水分，以大于 20mm 的间距大面侧向立放于预先降温至 -15℃ 以下的冷冻箱中。

（4）当箱内温度再降至 -15℃ 时开始计时，在 -20~-15℃ 下冰冻（烧结砖冻 3h；非烧结砖冻 5h）。然后取出放入 10~20℃ 的水中融化（烧结砖为 2h；非烧结砖为 3h）。如此为 1 次冻融循环。

（5）每 5 次冻融循环，检查 1 次冻融过程中出现的破坏情况，如冻裂、缺棱、掉角、剥落等。

（6）冻融循环后，检查并记录试样在冻融过程中的冻裂长度，缺棱掉角和剥落等破坏情况。

（7）经冻融循环后的试样，放入鼓风干燥箱中，按步骤（1）的规定干燥至恒重，称其质量 m_1。

（8）若在冻融过程中，发现试件呈明显破坏，应停止本组样品的冻融实验，并记录冻融次数，判定本组样品冻融实验不合格。

（9）测定干燥的冻融后的试样和未经冻融的对比试样的抗压强度。将试样平放在加压板中央，垂直于受压面加荷载，应均匀平稳，不得发生冲击或振动。加荷速度以 2~6kN/s 为宜，直至试样破坏为止，记录最大破坏荷载 P。

3. 实验结果计算

（1）外观结果

冻融循环结束后，检查并记录试样在冻融过程中的冻裂长度、缺棱掉角和剥落等破坏情况。

（2）试样的抗压强度按式（16-1）计算：

$$R = \frac{P}{L \times B} \tag{16-1}$$

式中　R——抗压强度（MPa）；

　　　P——最大破坏荷载（N）；

　　　L——受压面（连接面）的长度（mm）；

　　　B——受压面（连接面）的宽度（mm）。

实验结果以试样抗压强度的算术平均值和标准值或单块最小值表示。

（3）强度损失率按式（16-2）计算：

$$R_m = \frac{R_0 - R_1}{R_0} \times 100\% \tag{16-2}$$

式中　R_m——强度损失率（%）；

　　　R_0——试样冻融前强度（MPa）；

　　　R_1——试样冻融后强度（MPa）。

（4）质量损失率按式（16-3）计算：

$$G_{\mathrm{m}} = \frac{m_0 - m_1}{m_0} \times 100\% \qquad (16-3)$$

式中　G_{m}——质量损失率（%）；

　　　m_0——试样冻融前干质量（MPa）；

　　　m_1——试样冻融后干质量（MPa）。

实验结果以试样冻后抗压强度或抗压强度损失率、冻后外观质量或质量损失率表示与评定。

4. 实验记录

将实验记录填入表 16-1 中。

表 16-1　砌墙砖冻融/抗冻性实验记录

样品名称					
冻融循环次数			实验日期		

质量损失率

试样编号	试样冻融前干质量 m_0(g)	试样冻融后干质量 m_1(g)	试样冻融后出现裂纹、缺棱掉角和剥落等破坏情况	冻融后质量损失率 G_{m}(%)	
				单块值	平均值
1					
2					
3					
4					
5					

抗压强度损失率

试样编号	对比试样抗压强度						破坏荷载(N)	抗压强度 R_0(MPa)		冻融后抗压强度						破坏荷载(N)	抗压强度 R_1(MPa)		抗压强度损失率 R_{m}(%)
	尺寸(mm)							单块值	平均值	尺寸(mm)							单块值	平均值	
	长			宽						长			宽						
	1	2	平均	1	2	平均				1	2	平均	1	2	平均				
1																			
2																			
3																			
4																			
5																			
备注																			

四、思考题

1. 砌墙砖抗冻性能有哪些评定指标？
2. 砌墙砖抗冻性实验一次冻融循环是如何规定的？

实验 17　陶瓷砖抗冻性能实验

一、实验目的

在低温环境下，瓷砖容易发生开裂等情况，很影响外观。通过本实验掌握陶瓷砖抗冻性的测试方法，了解仪器设备性能。

二、实验原理

吸水率是评价陶瓷砖内在质量优劣的重要指标之一，它的大小对于陶瓷砖的强度、线性膨胀、抗冻性、抗冲击等性能有着重要的影响。陶瓷砖抗冻性实验采用气冻水融法，将陶瓷砖浸水饱和后，放在-5℃的环境中冷冻，冷冻结束后放到5℃的水中融化，使砖的各表面至少经受 100 次冻融循环，测定陶瓷砖的初始吸水率和最终吸水率。

三、实验方法

1. 仪器设备

(1)干燥箱：能在(110±5)℃的温度下工作；也可以使用能获得相同检测结果的微波、红外或其他干燥系统。

(2)天平：精确到试样质量的 0.01%。

(3)抽真空装置：抽真空后注入水使砖吸水饱和，通过真空泵抽真空能使该装置内压力至(60±4)kPa。

(4)冷冻机：至少能冷冻 10 块砖，其最小面积为 0.25m²，并使砖互相不接触。

(5)麂皮。

(6)水：温度保持在(20±5)℃。

(7)热电偶或其他适合的测温装置。

2. 实验步骤

(1)样品：使用不少于 10 块整砖，并且其最小面积为 0.25m²，对于大规格的砖，为能装入冷冻机，可以进行切割，切割试样应尽可能地大。砖应没有裂纹、釉裂、针孔、磕碰等缺陷。如果必须用有缺陷的砖进行检验，在实验前应选用永久性的染色剂对缺陷做记号，实验后检查这些缺陷。

(2)试样制备：砖在(110±5)℃的干燥箱内烘干至恒重，即每隔24h的两次连续称量之差小于0.1%。记录每块干砖的质量m_1。

(3)浸水饱和：砖冷却至环境温度后，将砖垂直地放在抽真空装置内，使砖与砖、砖与该装置内壁互不接触。抽真空装置接通真空泵抽真空至(40±2.6)kPa。在该压力下将水引入装有砖的抽真空装置中浸没，并至少高出50mm。在相同压力下至少保持15min，然后恢复到大气压力。用手把浸湿过的麂皮拧干，然后将麂皮放在一个平面上。依次将每块砖的各个面轻轻擦干，称量并记录每块湿砖的质量m_2。

(4)在实验时选择一块最厚的砖，该砖应视为对试样具有代表性。在砖一边的中心钻一个直径为3mm的孔，该孔距边最大距离为40mm，在孔中插一支热电偶，并用一小片隔热材料(如多孔聚苯乙烯)将该孔密封。如果用这种方法不能钻孔，可把一支热电偶放在一块砖的一个面的中心，用另一块砖附在这个面上。将冷冻机内待测的砖垂直地放在支撑架上，用这一方法使得空气通过每块砖之间的空隙流过所有表面。把装有热电偶的砖放在试样中间，热电偶的温度定为实验时所有砖的温度，只有在用相同试样重复实验的情况下可省略这点。此外，应偶尔用砖中的热电偶做核对。每次测量温度应精确到±0.5℃。

以不超过20℃/h的速率使砖降温到-5℃。砖在该温度下保持15min。砖浸没于水中或喷水直到温度达到5℃。砖在该温度下保持15min。

(5)重复上述循环至少100次。如果将砖保持浸没在5℃以上的水中，则此循环可中断。称量实验后的砖质量m_3，再将其烘干至恒重，称量实验后砖的干质量m_4。

3. 实验结果计算

(1)初始吸水率(E_1)用质量分数(%)表示，按式(17-1)计算：

$$E_1 = \frac{m_2 - m_1}{m_1} \times 100\% \tag{17-1}$$

式中　m_2——每块湿砖的质量(g)；

　　　m_1——每块干砖的质量(g)。

(2)最终吸水率(E_2)用质量分数(%)表示，按式(17-2)计算：

$$E_2 = \frac{m_3 - m_4}{m_4} \times 100\% \tag{17-2}$$

式中　m_3——实验后每块湿砖的质量(g)；

　　　m_4——实验后每块干砖的质量(g)。

(3)100次循环后，在距离25~30cm处、约300lx的光照条件下，用肉眼检查砖的釉面、正面和边缘。平常戴眼镜者，可以戴着眼镜检查。在实验早期，如果有理由确信砖已遭到损坏，可在实验中间阶段检查并及时做记录。记录所有观察到砖的釉面、正面和边缘损坏的情况。

4. 实验记录

将实验记录填入表 17–1 中。

表 17–1　陶瓷砖抗冻性能实验记录

样品名称						实验日期				
(浸水饱和)初始吸水率	1	2	3	4	5	6	7	8	9	10
每块干砖的质量 m_1(g)										
每块湿砖的质量 m_2(g)										
初始吸水率 E_1(%)										
平均值 $\overline{E_1}$(%)										
(冻融循环)最终吸水率	1	2	3	4	5	6	7	8	9	10
实验后每块湿砖的质量 m_3(g)										
实验后每块干砖的质量 m_4(g)										
最终吸水率 $\overline{E_2}$(%)										
平均值(%)										
实验前砖的缺陷										
实验后砖的损伤情况										
100 次冻融循环后试样损失数量										
备　注										

四、思考题

1. 陶瓷砖抗冻性能实验对样品如何规定？
2. 简述陶瓷砖浸水饱和操作方法。
3. 如何计算陶瓷砖初始吸水率和最终吸水率？

实验 18 冻土模型实验设计

一、实验目的

冻土作为一种特殊的岩土，其形成受气候、地质构造及地形的不同等诸多因素的影响。从热物理学的角度分析认为其形成和发展是岩石圈—土壤—大气圈能量交换作用的结果。随着寒区工程建设的日益发展和对冻土探究的逐步加深，冻融循环作用始终被认为是影响工程安全稳定主要因素。由于冻土在冻融过程中存在水分、热量迁移和冻融相变，其物理化学变化较为复杂且原状土取材较为复杂，为探究冻融作用的影响，模型实验广泛应用在岩土领域的各个方面。模型实验可以根据具体的研究对象，按照相似理论将原型放大或缩小，人为控制和改变实验外界条件，可以避开数学以及力学难题并最后推广到具体的实物，使无法或复杂的实验研究对象变为可能。

二、实验原理

在无约束条件下，冻融模型实验所满足的相似条件是：

$$\frac{\lambda Tt}{Ql^2} 和 \frac{D\theta t}{\Delta \theta l^2}$$

式中　λ——土壤的导热系数［W/(m·K)］；

　　　T——土壤温度(℃)；

　　　t——时间(h)；

　　　l——几何尺寸(m)；

　　　Q——单位体积水的相变热(J/m³)；

　　　D——土中水分扩散系数(m²/s)；

　　　θ——单位体积含水量(%)；

　　　$\Delta \theta$——单位体积迁移含水量(%)。

为了进一步进行工程建筑物与地基土的相互作用及工程稳定性的研究，在上面结论的基础上，运用相似理论，从量纲分析法和方程分析法两种角度出发，推导出在无荷载作用下冻土模型实验所遵循的相似条件，并以此为条件提出了冻融沉降模拟实验的具体实施方法。

根据热传导理论，对于二维、均质、各向同性瞬态温度场问题，冻土体热状况可用带有相变的热传导方程来描述，冻土体满足的控制微分方程(范定方程)为：

在融区内：

$$a^+\left(\frac{\partial^2 T^+}{\partial x^2}+\frac{\partial^2 T^+}{\partial y^2}\right)=\frac{\partial T^+}{\partial t}, \quad h_0<y<h(x, t) \tag{18-1}$$

在冻区内：

$$a^-\left(\frac{\partial^2 T^-}{\partial x^2}+\frac{\partial^2 T^-}{\partial y^2}\right)=\frac{\partial T^-}{\partial t}, \quad h(x, t)<y<h_c \tag{18-2}$$

边界条件：

$$T^+\big|_{y=h_0}=\varphi^+(x, y) \tag{18-3}$$

$$T^-\big|_{y=h_c}=T_c \tag{18-4}$$

$$\frac{\partial T}{\partial x}\bigg|_{x\to\pm\infty}=0 \tag{18-5}$$

衔接条件：

$$T^+=T^-=T^* \tag{18-6}$$

$$\lambda^-\left(\frac{\partial T^-}{\partial y}-\frac{\partial T^-}{\partial x}\frac{\partial h}{\partial x}\right)-\lambda^+\left(\frac{\partial T^+}{\partial y}-\frac{\partial T^+}{\partial x}\frac{\partial h}{\partial x}\right)=Q\frac{\partial h}{\partial t} \tag{18-7}$$

初始条件：

$$T^-_{\tau=0}=\varphi^-(x, y)=T_0 \tag{18-8}$$

式中　T^*——相变温度($^\circ$C)；

x，y，t(时间)——自变量(h)；

T^+、T^-——融土、冻土温度($^\circ$C)；

a^+、a^-——融土、冻土导温系数(m^2/s)；

λ^+，λ^-——融土、冻土导热系数[W/(m·K)]；

$h(x, t)$——融化深度(m)；

Q——单位体积水的相变热(J/m^3)；

h_0——融土区的上界(m)；

h_c——冻土区的下界(m)。

应用积分类比法推导出温度场的两个相似准则，即

$$\pi_1=\frac{I^2}{at}, \quad \pi_2=\frac{QI^2}{\lambda Tt} \tag{18-9}$$

根据相似理论，通过进一步分析：

$$(\pi_1)_p=(\pi_1)_m, \quad (\pi_2)_p=(\pi_2)_m$$

$$\frac{(\pi_1)_p}{(\pi_1)_m}=1, \quad \frac{(\pi_2)_p}{(\pi_2)_m}=1$$

$$c_l = \frac{l_p}{l_m}, \quad c_a = \frac{a_p}{a_m}, \quad c_t = \frac{t_p}{t_m}$$

$$c_Q = \frac{Q_p}{Q_m}, \quad c_\lambda = \frac{\lambda_p}{\lambda_m}, \quad c_T = \frac{T_p}{T_m}$$

$$\frac{(\pi_1)_p}{(\pi_1)_m} = \frac{(l_p^2/a_p t_p)}{(l_m^2/a_m t_m)} = \frac{(l_p/l_m)^2}{(a_p/a_m)(t_p/t_m)} = \frac{c_l^2}{c_a c_t} = 1$$

$$\frac{(\pi_2)_p}{(\pi_2)_m} = \frac{(Q_p l_p^2/\lambda_p T_p t_p)}{(Q_m l_m^2/\lambda_m T_m t_m)} = \frac{(Q_p/Q_m)(l_p/l_m)^2}{(\lambda_p/\lambda_m)(T_p/T_m)(t_p/t_m)} = \frac{c_Q c_l^2}{c_\lambda c_T c_t} = 1$$

通过以上分析得到相似判据如下：

$$\frac{c_l^2}{c_a c_t} = 1, \quad \frac{c_Q c_l^2}{c_\lambda c_T c_t} = 1 \tag{18-10}$$

式中　p——原型；

　　　m——模型；

　　　c——相似常数；

　　　l——几何尺寸(m)；

　　　a——导温系数($\mathrm{m^2/s}$)；

　　　λ——导热系数[$\mathrm{W/(m \cdot K)}$]；

　　　T——温度(℃)；

　　　t——时间(h)。

从中可以看出，在6个相似常数中，4个相似常数可以任意选定(基本常数)，2个相似常数由相似准则导出。

由于冻深值与外界温度建立直接联系而忽略了太阳辐射值的影响，室内环境模拟实验在以时间比尺和几何比尺作为判据进行模型实验的基础上，提出"实验室修正系数 K"和"冻结指数相似比 c_i"，通过 c_i 值和 K 值来补偿地表能量平衡方程中太阳辐射对模型实验的影响。

工程实际和相关气象资料表明，标准冻深和冻结指数有直接关系。当冻深资料系列少于10a时，可以根据气温资料计算多年冻结指数平均值，求得标准冻深。其交互影响可用下式表示为：

$$H = \beta\sqrt{i_0} \tag{18-11}$$

式中　H——工程所在地的标准冻深(cm)；

　　　i_0——多年冻结指数平均值(℃·d)；

　　　β——一个多因素的函数。

根据相应的各比尺之间的关系和野外实际冻结指数 I，分别求出所对应的 β、K 和 c_i。其中，K 为实验室修正系数，c_i 为冻结指数相似比，β_p、I_p、H_p 表示经比尺简化后的室内实验所对应的参数。

$$K = \frac{\beta_p}{\beta} \tag{18-12}$$

$$c_i = \frac{i_p}{i} \tag{18-13}$$

由式(18-11)~式(18-13)，推导出二者之间的相关表达式为：

$$\frac{H_P}{H} = \frac{1}{c_l} = K \sqrt{\frac{i}{i_p}} \tag{18-14}$$

$$c_i = \frac{1}{c_l^2 K^2} \tag{18-15}$$

$$c_i = \frac{1}{K^2 c_t^2} \tag{18-16}$$

根据预定模型的模拟冻深值和实际气象资料，确定实验室修正系数 K 值和冻结指数相似比 c_i 值，制定模型实验降温制度，以此来提高模型和真实气象条件的吻合度，减少在实验模拟过程中复杂多变条件的不利影响。

三、实验方法

1. 仪器设备

(1)低温环境模拟试验箱：试验箱有效容积应能足够布置相应比尺模型；试验室温度控制范围：−40~40℃；温度波动值±0.5℃；环境温度控制采用顶排风翅管式冷凝器和电加热结构；底板利用循环热交换方式控温，可模拟不同地下水位的地下水补给，实现冻土"单向冻结，双向融化"过程(图 18-1)。

(2)制冷系统(图 18-2)：采用压缩机进行制冷。

(3)数据采集系统(图 18-3)：温度采集精度和传感器精度均为±0.1℃。

(4)实验所需传感器。

2. 实验步骤

冻土模型实验须根据工程实际工况提前制定实验方案，确定几何比尺，选定实验材料，制定降温制度。实验温度波动度一般不超过±0.5℃，根据工程实际要求确定。在负温下使用的仪表须按国家有关规定定期进行负温标定。测温元件在每次实验前须用国家二级标准以上温度计进行校核。

(1)实验准备

①土料的准备：将土在室温条件下自然风干；粉碎、过筛，筛出土团。

测定土的初始含水量，平行测试，取其平均值；按照填土数量和实验填土所需含水量计算配水量，将水均匀洒于土中，边洒水边拌，直至土

图 18-1　低温环境模拟试验箱内部

图 18-2　制冷系统

中含水量接近最优含水量，且分布均匀。拌匀的土样堆于实验室内，覆盖塑料袋密封保湿24h，使土中水分充分混合均匀备用。填土前再次测定土中含水量，保证每层填土的干密度控制在设计值。

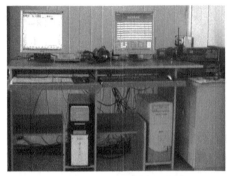

图18-3　数据采集系统

②实验仪器的准备：实验之前，所有的仪器都应该进行校准，位移传感器使用标准块规校准，温度传感器进行修正标定，以保证测试精度要求。

（2）模型制作

严格按照现场施工操作顺序进行。回填土全部采用预先制备好的土样。从下至上，用分层体积和土料湿重来控制干容重，全部按设计干密度控制压实度，采用人工击实法分层装土，每分层的击实厚度为5~10cm，根据需求布置传感器。实验前，根据需要对模型采用灌水补水方法进行饱和。土体饱和后排水至水位达到固脚顶面为止，保证渠底无水。

（3）实验过程

调节实验室温度，待土体温度达到预定温度时，正式开始实验，并按降温制度控制实验温度，开启数据采集系统记录数据。

（4）实验结果

根据实验方案处理数据，分析总结，得到实验结论。

3. 实验记录

将实验记录填入表18-1中。

表18-1　冻土模型实验记录

边坡深度(m)	时间(h)	边坡温度(℃)	含水率(%)	坡顶冻胀量(m)

四、思考题

1. 室内环境模拟实验如何补偿太阳辐射对模型实验的影响？
2. 简述土料准备的具体步骤。

实验 19 静冰生消室内模拟实验设计

一、实验目的

冰在温度较低时具有较高的强度，可用作建筑材料。静冰生消过程是我国中、高纬度地区冬季常见自然现象，多发生于湖泊、水库、河岸和流速较低河流。静水成冰实质是大气与水体之间发生热交换，受太阳辐射、水温、冰晶结构和降雪等多因素共同作用，待冰层形成后演变成气—冰—水三者之间热交换。春季静冰消融过程主要受太阳辐射与气温控制，太阳辐射强度增加是静冰快速消融的主要因素。本实验通过对原型冰生消参数进行分析，确定静冰生消过程室内模拟实验的关键参数，进行静冰生消室内模拟实验，锻炼学生的综合设计能力、创新能力及数据处理分析的能力。

二、实验原理

使用一维热传导方程描述静冰热力学生长过程。取冰表面一点作为坐标原点 O，过原点 O 垂直向下为坐标轴 x 正向。$T(x, t)$ 表示 t 时刻 x 处温度，冰水交界面为 $x = h(t)$。由一维热传导方程和一维单相 Stefan 问题可得冰域方程：

$$\frac{\mathrm{d}T}{\mathrm{d}t} = a\frac{\partial^2 T}{\partial x^2}, \quad a = \frac{K}{C\rho} \tag{19-1}$$

$$0 < x < S(t), \quad t > 0 \tag{19-2}$$

冰面温度：

$$T(0, t) = T(t), \quad t \geqslant 0 [T(t) \text{为已知}] \tag{19-3}$$

冰水交界面条件：

$$\frac{\partial T}{\partial x} - Q = \lambda\frac{\mathrm{d}S}{\mathrm{d}t}, \quad \lambda = \frac{L\rho}{K} \tag{19-4}$$

$$Q = \frac{q}{K}, \quad x = S(t), \quad t \geqslant 0 \tag{19-5}$$

初始冰厚：

$$S(0) = S_0, \quad T(S(t), t) = 0 \tag{19-6}$$

式中　t——时间(d)；

$S(t)$——冰厚(m)；

C——淡水冰比热[J/(kg·℃)]；

ρ——密度(kg/m³)；

K——热传导系数[W/(m·℃)]；

L——单位质量冰溶解潜热(J/kg)；

q——水向冰传递热流量(W/m²)。

Stefan 提出冰冻度日模型，假定冰表面温度与大气温度相等，仅考虑冰层下界面热量平衡，并通过此假设建立冰厚计算公式，其数学描述为：

$$\lambda \frac{d\theta}{dh} dt = L\rho dh, \quad 0 < h(t) < h \tag{19-7}$$

$$h(0) = 0 \tag{19-8}$$

利用冰体内瞬时温度线形分布假定及潜热 L、密度 ρ 和导热系数 λ 均为常数假定，得到近似解为：

$$h = \sqrt{\frac{2\lambda}{L\rho} \int_0^l [\theta_i - \theta_a(t)] dt} \tag{19-9}$$

式中　h——冰厚度(m)；

$\theta_a(t)$——气温(℃)；

θ_i——结冰温度(℃)。

$\int_0^l [\theta_i - \theta_a(t)] dt$ 为冬季低于 θ_i 日平均冰面温度总和，称为冻结指数，也称冰冻度日，并用 i 表示，式(19-9)简化为：

$$h = \alpha \sqrt{i} \tag{19-10}$$

式中　$\alpha = \sqrt{\dfrac{2\lambda}{L\rho}}$，即目前通常用于计算理想条件下冰厚度度日法公式。

依据冰冻度日相似原则由积分类比法可得：

$$c_i = (c_l / c_\alpha)^2 \tag{19-11}$$

式中　c_i——冰冻度日比尺；

c_l——实验几何比尺；

c_α——实验室修正系数(模型实验冰厚增长系数与原型实验冰厚增长系数比值)。

模型按冰冻度日相似准则设计，根据原型实验与模型实验冻结期冰冻度日计算过程定义 i 为：

$$i = \sum_0^{t_a} T_a \tag{19-12}$$

式中　T_a——负温冻结期平均日气温(℃)；

t_a——负温冻结期总天数(d)。

由式(19-12)确定原型冰冻度日 $i_{原型}$ 与模型冰冻度日 $i_{模型}$ 分别为：

$$i_{原型} = T_{a原} t_{a原} \; ; \quad i_{模型} = T_{a模} t_{a模} \qquad (19\text{-}13)$$

式中　$i_{原型}$——原型实验累积负温($℃ \cdot d$)；

　　　$t_{a原}$——原型实验负气温(以日均气温为负计算)总天数(d)；

　　　$T_{a原}$——原型实验(以日均气温为负冻结期计算)日平均温度($℃$)；

　　　$i_{模型}$——模型实验累积负温($℃ \cdot d$)；

　　　$t_{a模}$——模型实验负气温(以日均气温为负计算)总天数(d)；

　　　$T_{a模}$——模型实验(以日均气温为负冻结期计算)日平均温度($℃$)。

根据式(19-13)得：

$$c_i = c_T / c_t \qquad (19\text{-}14)$$

式中　c_i——冰冻度日比尺；

　　　c_T——温度比尺；

　　　c_t——时间比尺。

联立式(19-11)与式(19-14)得：

$$(c_l / c_\alpha)^2 = c_T c_t \qquad (19\text{-}15)$$

由式(19-15)可知，仅当温度比尺与实验室修正系数均为 1 的情况下 $c_t = c_l^2$，而模型实验因实验条件不同无法达到理论模拟结果，必须考虑实验室修正系数计算时间比尺。

根据模型实验相似比尺推导，确定静冰室内模拟关键参数为几何比尺 c_l，温度比尺 c_T，实验室修正系数 c_α，时间比尺 c_t。其中，c_l 与 c_T 为自定值，c_α 为经验值，c_t 为计算值。

三、实验方法

1. 仪器设备

(1)低温环境模拟试验箱、制冷系统、数据采集系统、传感器等，同实验 18。

(2)碘钨灯：功率 500W/盏。

(3)其他：螺丝冰锥、直尺、冰芯钻、钢丝、直角尺等。

2. 实验步骤

静冰生消室内模拟实验须根据工程实际工况提前制定实验方案，确定几何比尺、温度比尺、实验室修正系数、时间比尺，制订降温制度。实验温度波动度一般不超过±0.5℃，根据工程实际要求确定。在负温下使用的仪表须按照国家有关规定定期进行负温标定。测温元件在每次实验前须用国家二级标准以上温度计进行校核。

(1)实验前，先在试验箱内放入一定高度的水，控制试验箱内环境气温 2℃(48h)使水体均匀散热，接近现场封冻前水温，控制环境气温-2℃(1h)，对水体过冷处理。对所有的仪器都应该进行校准，位移传感器使用标准块规校准，温度传感器进行修正标定，保证测试精度要求。

(2)根据实验设计布置传感器。

(3)调节实验室温度，待水内温度达到预定温度时，正式开始实验，并按降温制度控制实验温度，开启数据采集系统记录数据。

(4)实验过程中采取人工钻孔测量冰厚方法获取冰厚，采集频率为 1 次/h，每次采集 3 处取平均值。

(5)考虑太阳辐射时可通过布置碘钨灯模拟光照。

(6)根据实验方案处理数据，分析总结，得到实验结论。

3. 实验记录

将实验记录填入表 19-1 中。

表 19-1　静冰生消室内模拟实验记录

温度传感器编号	时间(h)	冰层温度(℃)	冰厚度(cm)

四、思考题

1. 什么是冰冻度日？
2. 在实验过程中如何确定降温制度？

参考文献

黄忠，2018. 混凝土抗冻性试验方法浅析[J]. 科技经济市场(10)：28-29.

马巍，王大雁，2014. 冻土力学[M]. 北京：科学出版社.

南京水利科学研究院土工研究所，2003. 土工试验技术手册[M]. 北京：人民交通出版社.

童长江，管枫年，1985. 土的冻胀与建筑物冻害防治[M]. 北京：水利电力出版社.

汪恩良，姜海强，韩红卫，等，2018. 冻融模型相似性分析及试验验证[J]. 岩土力学，39(S1)：333-340.

汪恩良，刘兴超，常俊德，2015. 静冰力学模型试验的相似比尺问题探讨[J]. 冰川冻土，37(2)：417-421.

钟华，岳为群，汪恩良，2009. 季节冻土区场地冻融过程相似模拟试验研究[J]. 黑龙江水利科技，37(3)：6-8.

朱林楠，李东庆，郭兴民，1993. 无外荷载作用下冻土模型试验的相似分析[J]. 冰川冻土，15(1)：166-169.

附录：相关标准、规范清单

《土工试验方法标准》GB/T 50123—2019

《人工冻土物理力学性能试验 第 1 部分：人工冻土试验取样及试样制备方法》MT/T 593.1—2011

《人工冻土物理力学性能试验 第 2 部分：土壤冻胀试验方法》MT/T 593.2—2011

《人工冻土物理力学性能试验 第 4 部分：人工冻土单轴抗压强度试验方法》MT/T 593.4—2011

《人工冻土物理力学性能试验 第 5 部分：人工冻土三轴剪切强度试验方法》MT/T 593.5—2011

《人工冻土物理力学性能试验 第 6 部分：人工冻土单轴蠕变试验方法》MT/T 593.6—2011

《人工冻土物理力学性能试验 第 7 部分：人工冻土三轴蠕变试验方法》MT/T 593.7—2011

《公路工程岩石试验规程》JTG 3431—2024

《水运工程混凝土试验检测技术规范》JTS/T 236—2019

《建筑砂浆基本性能试验方法标准》JGJ/T 70—2009

《普通混凝土长期性能和耐久性能试验方法标准》GB/T 50082—2009

《砌墙砖试验方法》GB/T 2542—2012

《陶瓷砖试验方法 第 12 部分：抗冻性的测定》GB/T 3810.12—2016